STEM 在大嶼

鄧文瀚（STEM Sir）著

萬里機構

STEM Sir 自序

《STEM 在大嶼》是我今年的得意之作，我很希望把香港每一處都化身成 STEM 小教室，讓大家能夠從周邊環境開始學習 STEM 小知識。在過往不同的作品中，包括《玩轉 STEM ——拆解 12 款玩具的科學原理》、《STEM 嘉年華——發掘遊樂場中的趣味科學》、《兒童地方誌》、《STEM 少年偵探團》，以及電視節目《STEM 精讀班》和《區區都有 STEM 》，都是希望讀者和觀眾能夠體會從生活、玩樂及社區中學習 STEM 的樂趣。

本次新作選擇由大嶼山出發開始遊歷學習，是因為我的人生就是在大嶼山開始。我的父親是一名懲教署職員，他曾在大嶼山對面的小島喜靈洲工作，因此我在嬰孩時期曾經在大嶼山的蔴埔坪居住。然而，嬰兒時候的記憶畢竟十分模糊，只是對父親去沙灘捉魚歸家「煮粥仔」的情境有點印象，其餘就只記得當時出入也要走一段大斜坡。而且，當時蔴埔坪的交通非常不便，大型家具和電器的搬運費用相當昂貴，印象之中父親曾經試過前面揹着兒子，背後揹負大雪櫃步行上山，相當厲害！

在幼稚園時期，我已經搬離大嶼山了。直至中學的宿營活動，才有機會再次踏足大嶼山。中學時期，要前往大嶼山就只能乘坐渡海小輪，船程要一個多小時。要在船上消磨時間，撲克、大富翁和 UNO 等桌上遊戲一定少不了；也總會有好幾位同學會來碗餐蛋麵，令整個船艙都充滿着濃烈的香味。我自己不太喜歡在船上進食，因為印象中船上的洗手間是極度恐怖的，如廁時要閉氣和步步為營，所以不進食就可以減少使用洗手間的需要……

一踏進梅窩碼頭，就會看見巴士站。巴士是紅黃色單層的，的士車身是藍色的，遠望見到水清沙幼的銀礦灣，充滿鄉郊的大自然氣息，感覺有如與城市隔絕的渡假區。從梅窩前往貝澳、大澳、石壁、昂坪等地，都是一條巴士路線就能去到。

　　直至香港國際機場遷至赤鱲角，港鐵東涌線列車開通，以及香港迪士尼樂園建成，令前往大嶼山變得更方便，讓市民及遊客能夠更快捷的與大自然連繫。

　　近年，政府大力推動大嶼山的發展，隨着港珠澳大橋的落成，大嶼山變成與世界及內地的連接點，加上填海工程及城市發展，將會為大嶼山帶來全新的景象。雖然如此，大嶼山各個地方仍然蘊藏着大量的天然資源，在古蹟中也盛載着不少歷史故事，而且當中更包含了不少古今的科學、科技、工程及數學的 STEM 元素。

　　《STEM 在大嶼》一書希望透過遊歷大嶼山的昂坪、大澳、東涌及梅窩 4 個景點，本着「邊走邊學 STEM」的精神，帶領讀者從另一個角度欣賞大嶼山的自然美，以及探索大嶼山所隱藏的 STEM 學術美。大家可以從書本中走進大嶼山 4 個景點，齊來發掘大嶼山海量的 STEM 知識，由此發現其實 STEM 已經在你身邊！

目錄

第三章：東涌

第四章：梅窩

大嶼山地圖

港珠澳大橋
香港口岸
人工島

香港迪士尼樂園

赤鱲角

東涌

港珠澳大橋香港連接路

大嶼山

梅窩　銀礦灣

昂坪

大澳

石壁水塘

1.1

昂坪纜車的建造與 STEM

昂坪位於大嶼山的西南部，屬於鳳凰山山腰之上的一個高地，是一個清靜的地方。早在 1924 年，寶蓮禪寺（又稱寶蓮寺）已座落於昂坪此地，以往要前往昂坪就要在梅窩碼頭乘坐巴士，並要經過迂迴曲折的山路才能到達。

　　2006 年，連接大嶼山東涌及昂坪的架空索道系統——昂坪 360 落成，前往昂坪就變得方便得多了。

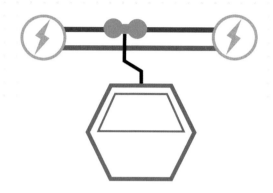

建造纜車的好處

　　纜車是上山、下山或在山丘間移動最好的交通工具，因為纜車是直線無障礙地移動行走，不用依照迂迴曲折的山路繞來繞去，在運輸傳送上能夠節省很多時間。

　　另一方面，纜車利用電力來驅動，不會污染山區及郊外的清新空氣；若大眾都選擇使用纜車作為運輸工具上下山，可減少開車，有助節省能源消耗。

昂坪纜車中的科學

昂坪纜車是由纜繩和車廂組成。透過纜繩與位於山上及山下的纜車站連接，而車廂依靠握索器來緊緊吊掛在可移動的纜繩上，跟隨纜繩的移動同步前進，接載乘客來回往返昂坪及東涌。在東涌及昂坪纜車站內分別設置大型驅動輪，纜繩兩端各掛在這橫置的大型驅動輪上，透過這大型驅動輪的旋轉來拉動纜繩，而其旋轉動力由強力摩打提供。

由於纜車靠同一條纜索移動來回兩個方向，纜車來回的速度一定相同。

位於山下的東涌纜車站

位於山上的昂坪纜車站

大型驅動輪的上方

大型驅動輪的下方

在纜車探知館內可見驅動輪模型

標準車

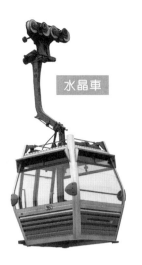
水晶車

全景車

車廂的設計

　　纜車車廂沒有空氣調節，卻有局部開放式的通風設備，讓旅客在旅程中可以感受大自然的微風。

　　現正投入服務的纜車有三款，分別是標準車、水晶車及全景車，整個纜車系統共有 108 個車廂。標準車使用鑽石型設計，車廂外觀以深藍色為主，最高可以容納 17 人，其中包括 10 個廂座，也設有預留輪椅使用者的專門使用空間。

水晶車是從標準車廂改造而成，於 2009 年投入服務，外觀以銀黃色為主。以金屬製造的地板改為 2 吋厚的強化玻璃，透明地板能夠為人提供另一個觀賞風景的角度，讓旅客能夠從腳下欣賞北大嶼山郊野公園、香港國際機場及天壇大佛的美麗風景。水晶車的車廂最多可以容納 10 人。

水晶車

全景車

全景車於 2022 年投入服務，除了車底與水晶車同是全透明玻璃外，車廂四面亦採用以兩層強化玻璃製成的全透明玻璃。而底部玻璃是以三層強化玻璃製成，讓乘客能夠 360 度飽覽大嶼山美景。全景車的車廂最多可以容納 10 人。

░ 強化玻璃是什麼？

強化玻璃是將普通玻璃加熱至攝氏 650 度至 720 度的高溫，令其變軟，再對玻璃進行垂直均勻的急速冷卻，令其快速硬化和收縮而製成。這製作過程會令玻璃表面具「壓縮應力」，而其內層則呈現「伸張應力」，從而兩相平衡；因此玻璃表面的輕微裂痕都會被應力所緊壓，而內層出現裂痕的可能性亦較低，是以強化玻璃的強度可以比普通玻璃的強度高 4 至 6 倍。

水晶車底的玻璃共有多少層？ POINT

水晶纜車及全景纜車都是全透明車底，從外看就似水晶般透亮，實質上由 3 層強化玻璃組成，最大載客量達 750 公斤，大約可以承載 10 人的重量。

昂坪纜車中的科技

　　昂坪 360 的纜車一直採用<u>再生能源</u>，每個纜車車廂都設置兩塊太陽能充電板，負責儲電及供電給車廂內部使用，例如車廂內的 LED 燈、音訊裝置、無線接收器及喇叭等。太陽能充電板在日照時間會進行儲電，陰天和雨天就會供電，有助保護自然環境，減少碳排放。

車廂上方的太陽能充電板

車廂內的 LED 燈和音訊裝置

昂坪纜車中的工程

　　昂坪 360 採用雙纜索的架空行車設計，是亞洲最長的雙纜索纜車系統。雙纜索分別是**承托纜**和**牽引纜**。承托纜是主要支撐纜車總重量的纜索，包括車廂重量及乘客重量。牽引纜則負責拉動車廂和「煞車」，使車廂在承托纜上運行。兩條纜索分工合作，最大優點是降低能源消耗以及減少纜塔數目，以保存沿途自然景觀。

牽引纜

承托纜

握索器

車廂頂上的**握索器**會緊緊的握實牽引纜，而握索器的握力必須非常強，才能支撐整部車廂（加上載客）的重量。以昂坪纜車為例，車廂重 825 公斤，若載滿 10 個 75 公斤重的乘客，就是 1,575 公斤；而握索器的握力要有 2,000 至 4,000 牛頓，方可承載重量遠超過 1,575 公斤。

握索器是靠強力彈簧的自然彈力來握緊纜索，只要一開始握好穩固在纜索上，行駛途中就不會與纜索分離。牽引纜由 6 條扭卷並緊箍着塑膠核心的鋼繩所編成，而每條承托纜是由 150 條鋼繩組成的；牽引纜負責提供纜車行駛的動力。

昂坪 360 車站與車站之間的通訊系統也是依靠牽引纜來運作的，系統會傳送安全信號和監測牽引纜位置，當偵測到異常情況時，就會自動停止纜車，以確保纜車安全。車站出口前設置了感應器，負責檢查車門是否關閉妥當。

纜車系統共有 8 座**纜塔**及兩座**轉向站**（機場島及彌勒山轉向站）。其中 5 座纜塔位於郊野公園範圍內。基於纜塔之間距離較遠，索纜較長，意味着承重力增加，所以可採用較高載客量的纜車車廂。對於纜車系統來說，8 至 10 位乘客已算高載客量，但是總乘客重量始終不能超過 750 公斤。

位於機場島轉向站

昂坪 360 的 2a 號纜塔

彌勒山轉向站

昂坪 360 的 3 號纜塔

興建昂坪纜塔的建材是怎樣運送呢？

東涌至昂坪的吊車於 2004 年 2 月 9 日動工，礙於纜塔施工位處北大嶼山郊野公園範圍，加上東涌往昂坪的路段的地勢艱險，不宜開闢道路讓泥頭車運載物料，亦根本不能單靠人力運送建材。

相中見到騾仔運送小隊

此外，往來昂坪及彌勒山的路程經常有霧，不宜用直升機搬運物料，利用空運也會大大增加成本，為了解決運送建材的問題，政府特意批准地鐵公司聘請一隊「另類外勞」—— 來自加拿大亞伯特省 6 匹富經驗的騾仔組成的運送小隊，負責運載水泥、沙石、木材及廢料等建築材料，以及工程隊伍人員的午餐。

每頭騾仔每週工作 6 天，每天工作 7 小時，運載 3 至 4 次物料，每次可運載 100 至 120 公斤物料，往來距離約 2 公里的昂坪和彌勒山工地，一程來回需時 45 分鐘至 1 小時。

昂坪纜車的安全

　　昂坪纜車系統設有風速計及其他感應器等安全裝置，以監察纜車的運作狀態。在運行途中，纜車系統的操作員或自動操作裝置有機會按當時的運作需要調整車速，或短暫停止纜車移動，此乃正常情況，乘客毋須驚恐。

　　為了保護乘客的安全，當天文台懸掛 3 號強風信號時，纜車會運返車庫，停止服務，而工作人員則會謹守崗位，待天氣好轉時檢查纜車系統，為乘客提供服務再作準備。遇上黑色暴雨警告、閃電、強風（即時速 90 公里的持續強風或時速 135 公里陣風）的情況，昂坪纜車也會停止服務，確保安全。

　　昂坪纜車最重可以負荷達 1,575 公斤，昂坪 360 會定期進行負重測試，模擬纜車最大負重量，過程中會嚴謹審視系統減速和煞車率，務求在最大負重情況下，車廂間距和煞車時間都能符合安全標準。

昂坪 360 的索道

昂坪纜車中的數學

　　整個纜車系統分為 3 段，途中經過兩座轉向站。昂坪纜車由東涌站開始，首先會跨過海灣到達機場島轉向站（圖1）。然後轉向 60 度向北大嶼郊野公園的彌勒山山坡攀升（圖2），再於山腰的彌勒山轉向站轉向。最後抵達海拔約 440 米的昂坪站（圖3）。

　　海拔是指地面上某地點高出海平面的垂直距離，即某地點與海平面的高度差，通常以平均海平面做標準來計算。在昂坪東南方的鳳凰山，是香港第二高的山峰，海拔 934 米。即是昂坪站的高度（440 米）是鳳凰山高度的 47%（440÷934×100% = 47%）。

圖 1

圖 2

圖 3

昂坪 360 的速度

昂坪 360 全長 5.7 公里，而它的平均速度約為每小時 10-15 公里（km/h），行駛全程需時約 23 至 34 分鐘。若選擇乘搭巴士由北大嶼山新市鎮途經東涌道前往昂坪，則需時約 1 小時，相比之下可以節省不少時間。

假如以每小時 15 公里的速度行駛，那麼昂坪纜車的全程行駛時間是：

行駛全程時間 = 距離 ÷ 速度
= 5.7 ÷ 15 × 60
= 22.8 分鐘

假如以每小時 10 公里的速度行駛：

行駛全程時間 = 距離 ÷ 速度
= 5.7 ÷ 10 × 60
= 34.2 分鐘

天壇大佛中的
巨大 STEM

1.2

來到昂坪就當然要前往位於寶蓮寺前的天壇大佛遊覽一番。天壇大佛是一座位於大嶼山寶蓮寺前的釋迦牟尼佛像，座落於海拔 482 米的木魚峰上，是全球最高的戶外青銅坐佛，也是香港著名的旅遊景點。

　　天壇大佛不單是香港一項傑出的工程，它融合古今佛教造像藝術的精華，把傳統的青銅工藝和現代科學技術結合，包含了佛教精神與現代文明，可說是人類珍貴的文化遺產。

港珠澳大橋連接路

東涌

昂坪纜車東涌站

逸東村

昂坪棧道

昂坪纜車昂坪站　天壇大佛

心經簡林

天壇大佛結合宗教與藝術

　　天壇大佛的造型是經過參考不同的文獻和佛像造型，再由藝術家加以調和統一而塑造出來。天壇大佛的造型，主要依據佛經如來三十二形相所記載塑造，大佛的面相就參照龍門石窟的毘盧遮那佛，而衣紋和頭飾就是參照敦煌石窟第 360 窟的釋迦佛像，因此佛像具備隋唐佛教全盛時期造像的特色，富有藝術色彩。

龍門石窟的毘盧遮那佛

天壇大佛每個部分都有宗教象徵意義，佛像的面有如滿月的圓潤，額廣平正，雙耳垂肩，顯露佛陀福慧具足的一面，同時大佛慈顏微笑，令眾生生歡喜心。

大佛頂部是肉髻螺髮，代表佛陀智慧圓滿。大佛雙眉有如初月，青蓮花眼線條柔和，象徵佛陀以慈眼廣視眾生。

佛陀結跏趺坐於蓮台上，展現釋迦牟尼在菩提樹下得道時的坐姿；蓮花代表出污泥而不染，寓意佛陀清淨無垢，能深入五濁惡世，普渡眾生。

第一章

天壇大佛中的科學

認識菩提樹的自然科學

位於昂坪市集中的仿真菩提樹

天壇大佛是參照釋迦牟尼在菩提樹下得道時的坐姿,當中所提及的菩提樹是真實存在嗎?

菩提樹是一種桑科榕屬(又稱為無花果屬)植物,菩提樹原產於印度,是佛教三大聖樹之一。

菩提樹是喬木,樹幹筆直,樹形優美,葉呈正心形或闊三角形,極具觀賞價值。菩提樹亦為常見的行道樹及園林風景樹,位於九龍城賈炳達道公園裏就有一棵菩提樹。菩提樹的樹冠非常寬闊,就像一把太陽傘替途人遮蔭。

位於九龍城賈炳達道公園的菩提樹

菩提樹特點:心形葉尖有一條長長的尾巴,是天然的排水引道,減低樹木感染真菌的機會。

天壇大佛的材料

　　銅（Copper），化學符號是 Cu，原子序為 29。由於銅的可塑性、導電性、熱傳導性和抗腐蝕性非常好，所以銅在工業上是非常重要。錫（Tin），化學符號 Sn，原子序為 50。錫主要由錫石（SnO_2）還原所取得。早在公元前 3,000 年，人類就開始在原料銅上加入錫，再加上磷、鉛、鋅等少量金屬製成的錫青銅，用來製作青銅器具。

銅

錫石

　　錫青銅可用來生產形狀複雜、輪廓清晰、氣密性要求不高的鑄件。錫青銅較為堅硬，如果錫的硬度值定為 5，銅的硬度就是 30，錫青銅的硬度就會是約 150。此外，錫青銅十分耐蝕，適合擺放在近海或潮濕的戶外位置，天壇大佛正是採用錫青銅作為建造材料。

一些學校運動會的銅牌就是用錫青銅製成

天壇大佛的科技

◢◢ 運用電腦準確放樣

　　工程技術人員在打造天壇大佛佛像之前，有一個名為「放樣」的工序。放樣是一項測量工作，指在工程建設的施工階段開始前，把所要建設的建築物或構築物的平面位置和高程，按照圖紙上的要求標定到實地上。

　　天壇大佛的「放樣」就活用了資訊科技工具，採用獨特的「數控箱式一次成形法」，即是透過使用立體攝影機或 3D 掃描器進行測量工作。

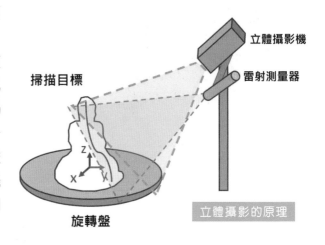

立體攝影機

雷射測量器

掃描目標

旋轉盤

立體攝影的原理

3D 掃描器

收集模型的座標點數據

利用 3D 掃描器把天壇大佛 1:5 的模型進行掃描，找出佛像每個點、線及面在空間的所在位置，即時收集模型的座標點數據。然後，工程技術人員會利用電腦進行運算，把模型放大至 1:1 大小，找出佛像實物的真實座標點。接着，工程技術人員會按照真實座標點數據，沿用傳統方法，分段利用木箱及石膏塑造出 1:1 的佛像模型。

運用電腦模擬試驗

為了保證大佛不受巨大的風力影響和破壞，工程技術人員用大型電腦對佛身每個部位進行了風力、壓力和強度載荷計算，並運用試驗衞星及火箭的風洞對佛像模型進行多種方式的全方位吹風試驗。

天壇大佛的工程

大佛的鑄造

建造天壇大佛與模型製作很相似，佛像的內部不是實心，而是中空，並採用鋼材造成內骨架，支撐整座佛像，而佛像的身軀外殼由分塊鑄成的青銅壁板組成。整個大佛分解成 202 塊青銅壁板，厚度由 10 毫米至 13 毫米不等，以螺栓固定在骨架上。

在實地現場組裝之前，工程技術人員會先在廠房內進行安裝預習，分析現場安裝時可能出現的問題，並找出解決方案。同時，在安裝預習中還會對一些青銅壁板作出矯形、修整及機械整飾。

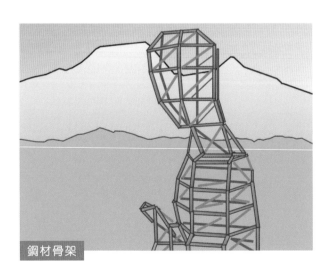

鋼材骨架

◿ 大佛的運送

　　天壇大佛的青銅壁板經海路運往香港，但是大嶼山的山路狹窄，而佛面的部件太大，要把佛面運上木魚峰就遇上很大的技術困難，需要運用一輛大卡車和兩輛吊車才能把佛面及另外兩件大青銅壁板運抵工地。

◿ 大佛的現場安裝

　　大佛的安裝工程是在完全露天的環境下進行，工程技術人員要在現場把不同部分的青銅壁板安裝在骨架上，部件之間需要進行焊接，整個焊接的焊道超過 5 公里。大佛完成組裝後就要對大佛的表面進行着色，讓大佛不易因腐蝕而變色。

天壇大佛的數學

數字猜一猜

1 猜一猜天壇大佛下的大佛石階共有多少級？

答：佛像坐在 268 級石階之上。

2 猜一猜天壇大佛由多少塊銅片組成？

答：大佛由 202 塊銅片
組成，當中佛身 160 塊、
蓮花 36 塊、雲頭 6 塊。

3 猜一猜天壇大佛佛像有多高？

答：天壇大佛佛像高
26.4 米，連蓮花座
及基座總高約 34 米。

4 猜一猜天壇大佛有多重？

答：天壇大佛重 250 公噸。

5 猜一猜天壇大佛坐於多少層祭壇上？

答：天壇大佛坐於 3 層祭壇上。

🟦 大佛知多啲

　　天壇大佛端坐在昂坪木魚峰上，佛像坐南向北，稍微偏東，朝向全香港及北京。只要登上 268 級石階上就能從高處 360 度俯瞰大嶼山的景色。

　　天壇大佛胸前帶有左旋卍字，在數學上是屬於旋轉對稱圖形，而在大佛雙掌中心所現佛教法輪圖案，都是旋轉對稱圖形。

大佛胸前的左旋卍字

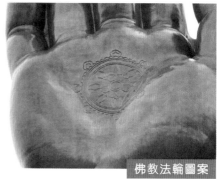

佛教法輪圖案

　　天壇大佛的地基面積為 2,239 平方米，內分三層：功德堂、法界堂及紀念堂，三層殿堂由圓形樓梯貫通，其中掛着一口直徑 2 米的「瑜伽鐘」，由電腦控制大鐘，每隔 7 分鐘便會自動敲打一次，每天共敲 108 次。

瑜伽鐘

1.3
心經簡林的
特色建築與雕刻

在昂坪參觀完天壇大佛的遊客們，可以沿着昂平路往東面的昂坪奇趣徑走，前往位於鳳凰山山麓的心經簡林。

那兒背山面海，環境幽靜，偶然會遇見大嶼山的牛牛品嚐午餐。在心經簡林欣賞風景，能夠令人舒展身心。心經簡林是全球最大的木刻佛經群，由 38 條花梨木柱組成，其中 37 條木柱均刻有《般若波羅蜜多心經》的經文，其中有一條位於最高處的木柱，即第 23 條木柱，是特別留空的，沒有刻上任何經文。

原來留空的木柱象徵《心經》裏「空」的境界與意思，也可以讓遊人遊覽心經簡林、閱讀心經時稍作休止，得到放空的機會。

心經簡林的設計概念

▨ 透過經歷聯想

　　國學大師饒宗頤教授於 1980 年到中國內地遊覽，因他曾觀看了山東泰山的《金剛經》摩崖石刻，而聯想到要創作大型經文書法。

　　饒公於 2002 年完成《般若波羅蜜多心經》（下稱《心經》）墨寶，並於同年 6 月將這篇《心經》墨寶贈與香港特別行政區政府。初時饒公希望參照摩崖石刻為《心經》尋找石刻的選址，但在香港稍為大面積的岩石都不夠平滑，又不夠堅硬，石質較為鬆散；加上香港氣候潮濕多雨，加速風化，所以岩石並不是理想的雕刻材料。有人曾提議改用人造石牆來進行刻石，可是人造石牆太人工化，並不符合《心經》中的禪意，因此沒有採用此方案。

饒宗頤教授銅像

▨ 利用周邊環境得來靈感

　　為解決石刻的難題，他們嘗試利用周邊環境再作思考，結果從欣澳貯木場那些浮在水中的木杉，與大嶼山的地緣關係得來靈感，以木柱替代石壁，把整篇《心經》書法分別刻於多條木柱上，有如古時的竹簡，因此命名為「心經簡林」。

　　全文 260 字的心經墨寶現轉化為大型戶外木刻，豎設於大嶼山鳳凰山山麓的一片天然山坡上，讓遊人能夠寘身於一個清幽恬靜的環境，欣賞該項集藝術及哲學於一身的木刻創作。

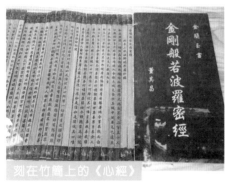

刻在竹簡上的《心經》

把《心經》書法刻於多條木柱上而成的「心經簡林」

位於欣澳的貯木場

心經簡林的科學

✄ 巨大木柱從何來？

　　製作心經簡林的木柱要使用大樹的樹幹，而該樹幹必須要又直又粗壯，究竟怎樣找來每根全長達十米的粗大樹幹呢？在香港尋找 38 根巨大木柱相當有難度，因此要從外國進口。最後從西非國家加蓬買到，並要取得出口證明才能從幾千里外以船運方式運抵香港。

⧄ 心經簡林的選木

心經簡林木柱所使用的木是非洲花梨木。非洲花梨木主要生長在西非和東非的熱帶雨林，以及中、西部非洲的熱帶地區，屬大喬木，高達 15 至 30 米，而樹幹的直徑可達 1.5 米。

非洲花梨木具有超高的硬度、還具有高密度、高油脂和耐磨等特點。非洲花梨木的木性穩定，能有效地抵抗風吹雨打和日曬，受潮後不易膨脹變形。而且，其木質具有光澤，會散發着微弱的香氣，樹幹的紋理較直而很少交錯，結構比較均勻。

非洲花梨木是硬木材的一種，硬度介乎 1,800 至 2,400 之間，重量很重，其機械性質和力學性質優良，抗壓強度高，抗衝擊強度中等，而且耐久性強及耐磨性好，使用過程不易變形，易於加工和雕刻，所以有很多工匠喜歡使用花梨木來製作硬木家具。

位於香港動植物公園的非洲花梨木

心經簡林的科技

納米科技的應用

心經簡林 38 條木柱豎設在貼近郊野公園的位置，長年累月面對日曬雨淋，加上大嶼山鳳凰山的山麓地區又較為潮濕，要面對的難題是要防止木柱免受蟲蛀和霉菌的侵蝕。因此，所有木材都需要經過現代化的納米防菌處理，來減低木柱被蟲蛀和霉菌侵蝕的機會。

納米是甚麼？

納米（nano）是毫微米（nanometer，符號是 nm）的縮寫，是長度單位之一。納米（1×10^{-9}m）相等於十億分之一米，是非常細小的長度。

一件物件的大小少於 100 納米，即為納米材料。如果物料的大小少於 100 納米時，其物理和化學性質都會有很大的變化。例如，納米物件的表面效應就擔任了很重要的角色。

單位	以米為基準	科學記號	舉例
公里（km）	1000	1×10^{3}	城鎮之間的距離
米（m）	1	1×10^{0}	人的身高
厘米（cm）	0.01	1×10^{-2}	一支筆的長度
毫米（mm）	0.001	1×10^{-3}	跳蚤
微米（μm）	0.000001	1×10^{-6}	細菌、細胞
納米（nm）	0.000000001	1×10^{-9}	病毒、DNA

納米抗菌塗層

　　常用的納米抗菌抗蟲劑含有納米二氧化鈦，若把它塗在木材表面，遇上在光線中的紫外線時，就能夠產生超氧自由基（活性酸素）進行細菌分解以及包覆病毒，令塗層表面帶有電荷。電荷會拉扯細菌的細胞膜，造成胞膜破裂導致細菌死亡，以達致抗菌效能。

　　由於納米塗層會隨着日曬、風吹及雨淋而減退，所以木柱需要定期進行維護維修，塗上加強木柱堅硬度的保護塗料，以延長木柱的壽命，防止菌類滋生及蟲蟻侵擾。

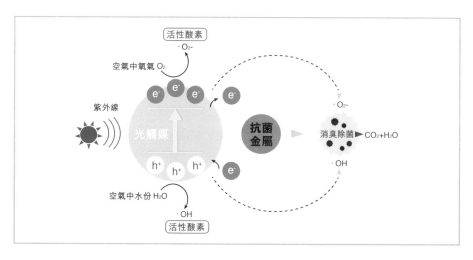

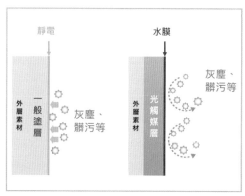

漁護署每天都會派職員巡查和視察木柱的表面狀況，如發現發霉，便會即時清理。而建築署則每月檢查和測試木柱的濕度，以確定保護塗料的防護及防水功能，並在必要時再次塗上有效的保護塗料。

心經簡林的工程

自然保育與建造

　　心經簡林的工程是在鳳凰徑附近一幅天然草坡上，把刻有《心經》墨寶的木樁豎設成簡林，以展示墨寶的氣度、神韻及藝術價值。該草坡的面積約 3,500 平方米，是在「自然保育區」的範圍內，因此環境恬靜清幽，不受外物滋擾。

　　由於選址貼近郊野公園，有嚴格的環保限制，整個工程不會砍伐任何樹木；加上一般車輛不能到達該址，也不會興建道路運送木柱，最後要由直升機和改裝過的小型拖拉車才能把大木柱運送到山坡上進行裝嵌。

　　心經簡林的排列設計十分簡單，共有 38 支高度不一的木柱，按不規則距離豎設在面向鳳凰山的天然山坡上。為保存環境的自然美，山坡在工程完成後會種植灌木及地被植物來恢復大自然原來的面貌，整個設計概念追求與自然環境和諧配合。

為了不破壞環境原貌，因此沒有建造硬地路面的行人徑或混凝土梯級，而是保留了原有的外露岩石及礫石。鳳凰徑附近亦設置木造涼亭（圖1），成為了欣賞簡林的觀景台，同時也成為了遠足者的休憩處。

　　木柱以木樁的方式垂直打入草坡泥土的地基中，而木樁插座除了能夠增加美觀度，還有助加強維持木柱的垂直度。

　　每根木柱的後方都加建了一堵用混凝土所建成的矮小圍牆，作用是在雨天時防止大量雨水由斜坡高處流往木柱底部，而把流下來的雨水分流至左右兩側，不讓木柱底部長期被過多水分浸泡着。有些小圍牆更會因應水流的方向而設計成 C 字（圖2）或 L 字（圖3）的形狀。

　　另外，地基上鋪有一些小石粒，除了降低地基下泥土流失的機會，同時也能減少雜草在木柱底部攀附生長，有助鞏固地基。

🔨 經文雕刻工程

　　木柱是以「天然去雕飾」的方式進行雕刻，即是木柱是沒有經過刨光的工序，在鋸平的一面直接在木質堅硬的花梨木上進行摹刻，刻上不同的經文。文字也沒有鬆漆上色，每個字都「入木六分」，即是每個字的雕刻深度達 2 厘米，透過凹坑產生的光與影效果，使文字顯現出來。

🔨 簡林保養工程

　　「心經簡林」由建築署定期檢查木柱，又會定期保養及維修。在每次塗上新保護塗料的時候，建築署會檢查整體木柱狀況、木柱裂紋位置和寬度、「邊材」的脫落位置、木材腐朽程度、蟲蛀孔位置，以及任何損壞的位置，並會拍照作記錄。

　　為了防止木柱爆裂，柱頂均鑲有鐵箍和繫上繩索（圖4）。當木柱面出現的裂痕，就會利用「∏字」釘或是「雙腳」釘打入裂痕的兩側（圖5），透過釘的拉力以減慢裂痕擴大。如發現蟲蛀孔或木材腐朽的範圍過大，則有機會把受損部分割除，再利用木塊填補（圖6）。

心經簡林的數學

　　心經簡林把平面藝術的書法與立體的建築自然連合，38 條刻有《心經》經文的木柱配合山形地勢來分佈，並依經文順序排成 8 字，再以橫向方式展示，就成為了無限符號 ∞，代表「無限」、「無量」、「生生不息」的意思，展現了《心經》的哲理，表示宇宙人生變化無定的道理。

　　《心經》內文共 260 個字，分別刻在 37 條木柱上，平均每條木柱上約有 7 個字，但根據《心經》的經文內容分佈，有的木柱只刻上 4 個字，例如：「心無罣礙」、「不增不減」；而最長也不會超過 10 個字，例如：「無苦集滅道無智亦無得」、「乃至無老死亦無老死盡」等。

　　《心經》的文字由 3 位雕刻名家分工合作完成，他們分別是唐積聖、張醒熊和李國泉，把饒教授的書法作品化為雕刻藝術。他們每天起碼花上 6 個小時，共花 3 個月時間，按照饒公的《心經》書法原型，把 260 個《心經》內文，連經名與落款，以及兩個印章，分別雕鑄在 37 條木柱上。

　　以一個月有 30 日計算，他們平均每小時可刻多少字？

$$260 \div (30 \times 3 \times 6) = 0.48$$

　　即是他們平均每小時可刻大約半個字。

每條木樁的高度和位置，都是依照大嶼山的天然山勢來排列的，
與自然地貌融為一體。

1.4

從昂坪棧道
看 STEM

來往東涌和昂坪的架空索道系統「昂坪 360」之所以能夠建成，全長約 5.7 公里的「昂坪棧道」真是功不可沒。但在興建昂坪纜車之前，這條路只不過是一條崎嶇山徑而已。

　　為了在建造整個架空索道系統時，能夠讓建築材料順利進行運送，於是纜車承辦商便把原來崎嶇山徑延伸，並依纜車線路建造這條山徑。整條山徑落成後，不但能夠供纜車作救援和逃生之用，同時也方便了日後纜車設施的維修工作。

　　為減少工程對大自然的植物及景觀造成影響，設計師以高架的木板鋪設及搭建部分路段，故此這條連接東涌至昂坪的山徑就被稱為「昂坪棧道」。

早在二千年前，中國就已經有棧道出現。棧道就是在地勢險絕的崖壁上連續鑿洞，然後用木頭插入洞中，再在伸出洞外的木頭上鋪上木板，架成沿着崖壁邊、懸掛在半空的道路。

在中國陝西省南部，通往四川的道路兩側的岩石上出現一些有規則的小洞，原來這裏是早在兩千多年前橫越秦國要地與四川盆地之間的秦嶺，在這絕壁上的小洞裏就插着圓木或石條，而在圓木或石條的上方就鋪着木板建成凌空的棧道，後被稱為「秦棧道」。

秦棧道穿越幾百公里的秦嶺山脈，分佈在秦嶺、巴山、岷山之間，最初用於攻打巴地和蜀國時運糧，以及作為軍隊行走的道路。

在歷史中曾有劉邦「火燒棧道」的故事，當時這條秦棧道是聯繫漢中和東邊各國的唯一通道，劉邦將之燒掉，讓項羽放心率軍東歸彭城；隨後劉邦趁項羽後方烽火四起，遂明修棧道，暗度陳倉，一舉收復三秦，殺出了關中，開始了與項羽爭霸的戰爭。

建設棧道中的科學

古代棧道的槓桿原理

　　古人在絕壁上的小洞裏插入圓木條，這是運用了槓桿原理，而木條就是「第一類槓桿」，即是力點、重點分別在支點的兩邊（圖1）。

　　插入洞裏的圓木段正承受着絕壁內的重量，該木段就是重點，承受着的力就是重力，同時圓木與洞壁之間也存在摩擦力（圖2）。洞口位置就是支點，而洞口外的圓木段上鋪木板，其所承受的就是力點。

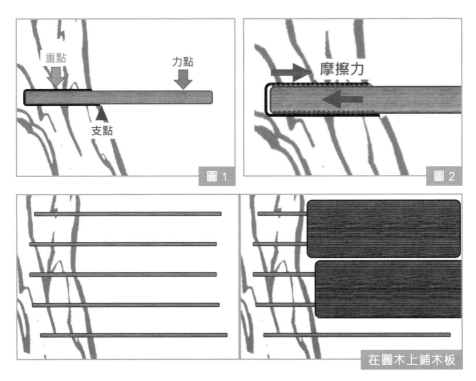

在圓木上鋪木板

由於鋪上的木板會把板上路人的重量分散，而洞口外露的圓木也把施力分擔，因此只要在各圓木所受的施力與力臂之間的積，比重力（山的重量）與重臂之間的積低，棧道就能變得穩固安全。

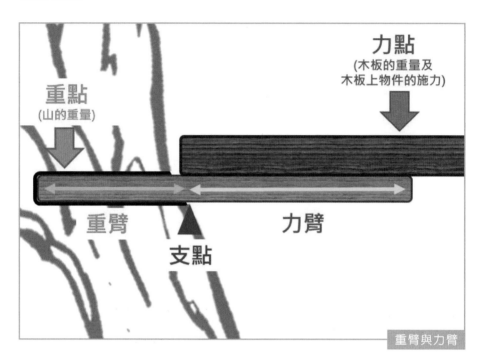

力點
(木板的重量及木板上物件的施力)

重點
(山的重量)

重臂

支點

力臂

重臂與力臂

✸ 昂坪棧道的用料

　　昂坪棧道建造於北大嶼山郊野公園的範圍內，途經彌勒山及鳳凰徑，由東涌往來昂坪，那裏原本有很多山徑都沒有連接，沿途的山勢十分陡峭，沒有能夠行走的路。

　　為了方便運送建造架空索道系統的材料及物資，因此承辦商就利用木板架空搭建成的棧道，把不同的山徑接駁起來，所以有些路段較為平坦，有些路段則砌成梯級。昂坪棧道是由山徑、石路、木板路及木梯所組成。

山徑

石路

木板路

木梯

木板可以分割成不同的長度和形狀，容易進行多款式的組合和搭建。把木板分割成大小相若的長方形板塊，就能令重量變得較輕，方便利用騾仔進行搬運。加上使用木材建造棧道，就能更融合大自然的環境，昂坪棧道的梯級路段除了利用木材外，還使用了鋼架令梯級支架變得更堅固（圖3），鋼架插入泥土的部分更加入了混凝土，以強化地台及增加支撐力。

圖3

棧道中的三角幾何力學

不論作為接駁橋用途的棧道，或是梯級上落的棧道，都必定需要承受人和騾搬運建築物料來回經過或逗留時的重量。因為支撐架除了需要堅固外，要把重物的重量分散也相當重要，所以棧道的底部或支架上都加入了三角幾何的力學原理，就是運用直角三角形的斜邊來分擔支持物件的重量。

若果沒有加入三角形的斜桿設計，橫桿就要承受物件全部的重量；當加入了三角形斜桿設計，物件的重量就會由橫桿和斜桿一起支撐，有助加強棚架可承受的重量。

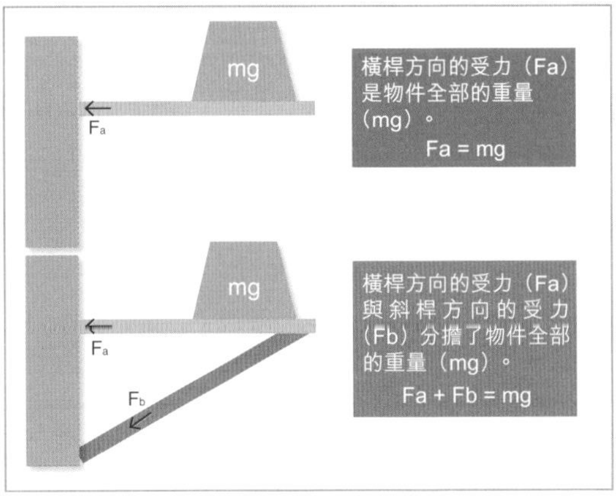
mg
F_a
橫桿方向的受力（Fa）是物件全部的重量（mg）。
Fa = mg
mg
F_a
F_b
橫桿方向的受力（Fa）與斜桿方向的受力（Fb）分擔了物件全部的重量（mg）。
Fa + Fb = mg

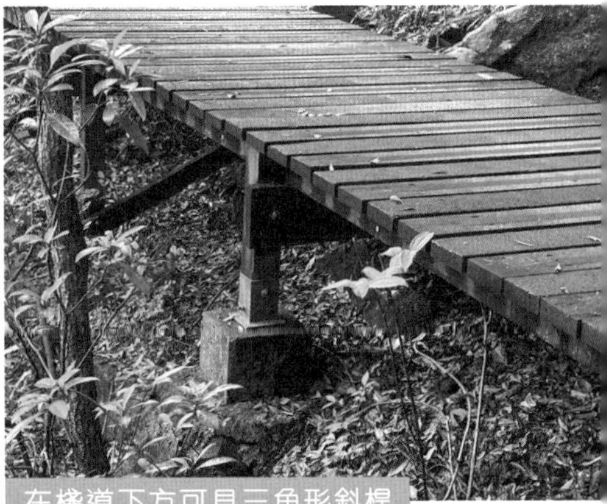
在棧道下方可見三角形斜桿

∕∕ 摩擦力的應用

　　有些棧道路段的木板路上，以間斷的方式塗上黑色的防滑鋼砂塗層，而棧道樓梯路段的每格木梯亦貼上黑色的防滑條，有助加強鞋底與木板之間的摩擦力。只要踏步在防滑鋼砂塗層或防滑條上，遊人鞋底落腳的摩擦力增加，加強了鞋底的抓地力，就自然行得較穩妥，不易滑倒。

　　雖然木板路上有防滑塗層或防滑條，但走到石路時就要較為小心，當遇上雨天、清晨時分或潮濕多霧的天氣時，石路因水而減低了摩擦力，自然也變得濕滑起來，加上沒有防滑塗層的木板路也會減低了摩擦力如果鞋底的坑紋不夠深，就會有如溜冰一樣滑倒，相當危險，因此在天氣不乾爽的時候就應避免行走昂坪棧道，以免發生意外。

防滑鋼砂塗層

防滑條

昂坪棧道的工程

棧道木塊間的縫隙頗大

　　要興建 6 個纜塔，需要許多鋼鐵、英泥、物料及工具，但要把建築材料搬上山勢險惡的地方極之困難，因此父由 6 隻騾仔代替人力，協助搬運建築物料。6 隻騾仔與工程師及工人一樣是朝九晚五「返工」，每天馱着油渣、英泥，還有工人的午餐，經陡峭的山徑，送到建築地盤。

　　工人一方面築建棧道，一方面興建纜塔，棧道的水平木板路段，其路面較闊，沒有欄杆，若木梯路段較為斜直則設有欄杆。為了應付木板有冷縮熱脹的現象，棧道木塊間的縫隙頗大。

木塊與木塊之間用螺絲接駁，木梯欄杆所用的螺絲較粗，還設有螺母固定接合部分（圖5），使棧道變得更鞏固。木梯也安裝了角鐵（圖6），協助每級木梯兩側維持水平的框架形狀。

圖5

圖6

昂坪棧道的數學

▨ 平行線的應用

　　昂坪棧道的設計與昂坪纜車的架空索道系統平行，因此當乘坐水晶車或全景車，經過彌勒山山段時，只要透過地板的透明玻璃，就能觀看到昂坪棧道在你腳下。

　　棧道與架空索道系統平行，是要方便工作人員進行例行檢查、運送物資及維修。

昂坪棧道的路線幾乎與昂坪纜車平行

第一章

⚡ 標距柱上數字的秘密

筆者較喜歡乘東涌纜車上昂坪，再由鳳凰徑第 4 段開始，經昂坪 360 救援徑返回東涌。鳳凰徑第 4 段初段以平路為主，而且梯級也鋪設得很整齊。

整條昂坪 360 救援徑設有多條標距柱。標距柱是為使用郊遊徑之遠足人士而設，讓他們沿途均可得悉所處位置。如遇緊急事故，就可以利用就近之標距柱說明身處的位置，以便救援人員進行搜索及救援。

除了標距柱外，昂坪 360 救援徑每隔一段短路程，石路上或木板路上設就有標距指示牌，以表示更準確的所在位置。例如 C09-14（圖 7）就是昂坪 360 救援徑第 09 段的第 14 格，可看成救援座標。

圖 7

▨ 沿着纜塔號碼欣賞風景

一直向山上前行至100米高，沿途會看見7號纜塔，並在6號纜塔下穿過，到達5號纜塔，旁邊就是昂坪棧道最高點——彌勒山轉向站。在此處，除了可以近距離見到纜車進出轉向站外，還可以欣賞到四周無盡的天空與山巒。

彌勒山轉向站

然後，繼續往 4 號纜塔進發，沿途會經過由昂坪 360 修建的著名棧道「天梯」，進入木梯前會見到警告提示牌「注意：前面路段陡峭」。因為這「天梯」的斜度約有 60 度，比一般的樓梯還要斜，所以要捉緊扶手。

天梯

在通過 4 號纜塔之後的下山路段，能看到廣闊的機場跑道，可以欣賞飛機升降的過程。走過一段下山路段後，又要再迎接上山路段；走上木梯到達 3 號纜塔，就可俯瞰東涌灣、香港國際機場一帶的優美景色。

由 3 號纜塔到山腳的路段就只有短短 1 公里，但距離地面高度就有 300 米高，暗斜的石級較多，所以下山時要較為小心。

計算平均步速

昂坪棧道全長約 5.7 公里，預留中途休息時間的話，由昂坪至東涌的路段需時約 4 小時；若中途不用休息，約 2.5 小時就可完成。走完整條昂坪棧道，平均每分鐘步行多少米？

假如中途休息，平均每分鐘步行：

5.7 x 1000 ÷ 4 ÷ 60
= 5700 ÷ 4 ÷ 60
= 23.75 米

假如中途不用休息，平均每分鐘步行：

5.7 x 1000 ÷ 2.5 ÷ 60
= 5700 ÷ 2.5 ÷ 60
= 38 米

水鄉中的 STEM

2.1

棚屋結構

香港在開埠之前，只不過是一個小漁港，居民大多數過着「靠山食山、靠海食海」的生活，居住在內陸地區的居民務農維生，而靠近海邊地區的居民就從事漁業，當時他們分佈在香港仔、筲箕灣、大澳、長洲、青山灣、大埔、沙頭角及西貢市，組成不同的漁村，香港這八個地方在當年有「八大漁港」的美譽。

　　隨着時代變遷、經濟起飛及科技發展迅速，香港現已成為一個國際大都會。雖然如此，但是這些漁村仍然健在，部分仍保留着昔日樸素和迷人的風情，當中位於大嶼山西部的大澳，就是香港現存最著名的一條漁村。

景色怡人的水鄉

在大澳能夠欣賞到清澈海洋和翠綠大山結合在一起的風景；在天晴的日子，天空和海洋的顏色更顯一致，形成連綿的海岸線，令人產生「天人合一」的感覺，加上大澳保留着昔日的漁村風情，以及環境未受污染，因此被外界稱讚大澳能媲美世界任何一個人間仙境。

令大澳更具特色的，就是建在貫穿漁村水道上的高架棚屋，見證着每個世代聚居在大澳的蜑（粵音：但）家人的特殊生活習慣和背景。棚屋、舢舨船、漁村風貌和自然山水，再配合美好天氣，就構成一幅幅令人心曠神怡的景象，使大澳漁村得到「東方威尼斯」美譽。

棚頭

✍ 大澳棚屋的歷史

　　香港的蜑家人早在百多年前已經在大澳靠海生活，以前的蜑家漁民全家都是生活在船上，隨着家庭成員增加，加上漁船上可供居住的空間不多，非常狹小，令蜑家漁民不得不作出改變。

　　可是，當時的蜑家漁民又不習慣在陸地上居住，所以他們便選擇在岸邊的海床上搭建棚屋，安置老年人及孩童，讓他們有安全穩定的住所，這就能夠讓青壯年的蜑家漁民放心出海工作。

　　最初的蜑家漁民就是把破舊木船停泊在沙灘上，再利用木柱鞏固建成棚屋。棚屋設有稱為「棚頭」的平台，也是棚屋間的主要通道及居民聚會的地方。

「棚身」多數分為睡房、客廳，以及安放神位的地方。每所棚屋都必定有伸延到水面的小梯，方便蜑家漁民能夠從棚屋直達停泊在棚下的小艇。棚屋與棚屋之間都有利用木樁和木板搭成的棧道，令到每家每戶都會互相連接，方便照應，也反映當時的鄰里關係非常密切。

　　以往的棚屋不單只是一個居所，它還成為了漁商的店舖，作為向漁船收購漁獲的地方。這些在水上搭成的棚屋，歷經變化，至今成為大嶼山獨特有的百年歷史的特色建築。

漁民能夠從棚屋直達停泊在棚下的小艇

棚屋中的科學

建造棚屋的材料

由於大澳棚屋建築在水上，初期的棚屋是利用岩石作為樁柱，但由於石柱長期浸在水裏，可能會被海水和石蠔侵蝕，再加上居民發現石柱容易倒塌，結構不夠堅固，在洪災時棚屋有機會傾斜；後期興建的棚屋就改用了木材及葵葉作為興建的主要材料。

自1950年代起，棚屋主要以坤甸木作為木柱支架，把屋固定於水面之上，屋頂及牆壁則舖上葵葉和松皮，外形呈半桶形，屋旁則可以停泊漁船。

坤甸木是適合本地環境的優良建築材料。坤甸木源於印尼，密度甚高，重量又重，硬度更能媲美岩石。坤甸木耐腐，在潮濕的環境下不易腐爛，又能夠防止海水侵蝕，以及防止蠔在木的表面繁殖。

木柱支架

坤甸木只有在乾燥的環境下才會慢慢裂開，長期浸於水中就只會令坤甸木變得更堅實，有很多漁船及龍舟都會使用坤甸木作為船隻內外龍骨，所以漁民只需要拆下廢棄船隻的支架，就可以建造棚屋，取材不太困難。

　　隨着近年大澳的人口逐漸減少，有不少棚屋已被荒廢。在2000年7月，大澳發生了一場大火，不幸地把近五分之一的棚屋燒毀。之後重建的棚屋就改為利用鐵皮、水泥柱，以及塑膠和鋁片等新型材料來興建。

▨ 優良導熱體材料的問題

　　鐵皮和鋁片同是金屬，它們傳導熱能的能力非常好，是優良的導熱體，而鋁片的導熱率比鐵皮高，是鐵皮的 3 倍。在陽光照射下，棚屋上的鐵皮和鋁片就會容易受熱，使熱力以熱傳導的方式由屋外傳到室內。在天氣酷熱時，棚屋內就會變成焗爐般酷熱。

　　另一方面，鐵皮遇上水、海水或空氣中的水分時，會產生氧化作用，使鐵皮變得容易生鏽，影響居住環境的外觀及衞生。

新型材料

⧄ 從棚屋看潮汐漲退

為何要把棚屋架空建築在水上？這與潮汐有關。

潮汐漲退是與太陽和月球對地球的引力有關。潮汐是地球的海洋表面受太陽和月球的萬有引力，又稱「潮汐力」作用引起的漲落現象。潮汐的變化與地球、太陽和月球的相對位置相關，再加上地球自轉的效應互相影響下，就引致海水、大湖及河口等的水深，都會發生潮汐現象。

在新月和滿月的日子（即「朔望」），太陽、月球和地球會連成一線，太陽和月亮的潮汐力疊加起來，潮汐的潮差特別大，即水位會升得特別高或降得特別低，稱為「大潮」。

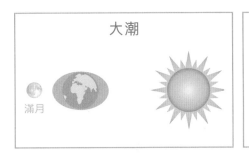
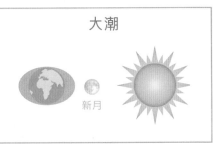

當月球在上弦或下弦的位置，地球、月球和太陽形成 90 度的直角，太陽的力量會抵銷部分的月球力量，兩者的淨力效果最小，太陽和月亮對地球潮汐的影響也大大減低，潮差變得很小，即水位升降變化也會變得很小，稱為「小潮」。

月球與地球之間的距離變化也影響到潮汐的高度，當月球在近地點，潮汐的潮差會增加，在遠地點時潮汐的潮差會減少。而香港的潮汐屬於不正規半日潮，是指在一個月大部分時間內，每日有兩個漲潮和兩個退潮。每日的兩個漲潮的潮高都不相等，較高的漲潮，通常在冬季時會在夜間出現，而在夏季時則會在日間出現。

　　因為每天都要面對潮汐漲退問題，所以大澳居民才要把棚屋架空建築在水上，免受影響。

潮漲時的情況

潮退時的情況

Technology

棚屋中的科技

運用潮汐數據

　　到香港天文台網站瀏覽「香港各地點的潮汐預報」資訊，市民就能得知本港 12 個地點每日最高及最低潮位的預測。天文台透過數據發現，在香港水域潮差和漲退潮出現的時間，有一個自東南至西北逐漸變化的現象。

　　「香港潮汐預報」及「香港實時潮汐資料」會顯示每日最高及最低潮位的預測的信息，潮漲潮退時間一目了然，有助為棚屋居民找出出海工作的最佳時機。

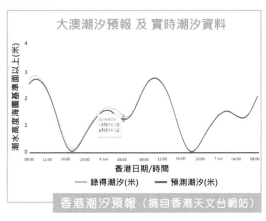

香港潮汐預報（摘自香港天文台網站）

香港實時潮汐資料（摘自香港天文台網站）

最近的數據		今天潮汐預測		
香港日期/時間：2023-06-06 08:08		香港日期/時間	潮位	潮水高度海圖基準面以上（米）
潮水高度 海圖基準面以上：2.5米		2023-06-06 00:29	漲潮	1.56
下一個預測為漲潮位		2023-06-06 04:07	退潮	1.22
香港日期/時間：2023-06-06 10:19		2023-06-06 10:19	漲潮	2.76
潮水高度 海圖基準面以上：2.76米		2023-06-06 18:01	退潮	0.02

香港實時潮汐資料（摘自香港天文台網站）

大澳潮汐站

　　大澳設有潮汐測量儀，利用聲納回波的反射來計算海面與測量儀器之間的距離，從而推算海面的實際高度。

　　潮汐預測是由香港天文台利用調和法，分析各地點潮汐數據後所得。在潮汐表中，只列出每日漲潮和退潮出現的時間和高度。由於預測漲退潮出現的時間及高度只適用作平均氣象情況，故此實際氣象情況有機會與平均情況有距離，潮汐觀測與預測之間可能出現分別。如果出現極端天氣，例如熱帶氣旋，差別就會較大。

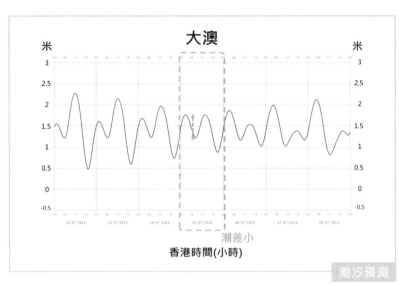

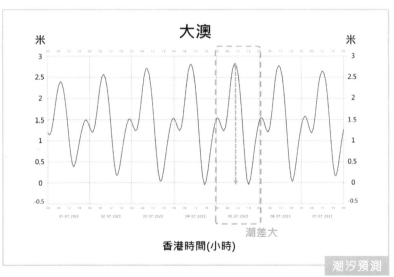

棚屋中的工程

　　本土建築可以簡單定義為「沒有建築師的建築物」，而大澳棚屋則是熟知當地需要的本地人把建築融入環境中。棚屋的設計簡單，並富有多功能元素，滿足了當地人最基本的需要，同時又能適應大澳當地的氣候。

棚屋的四個時期

　　大澳棚屋的演變可分成四個時期，可從棚屋結構來劃分。

　　第一代棚屋：以竹製拱頂，形成圓桶型棚屋，並以木製結構造成框架，使用圓形石基座；室內空間以單層長方型間隔，洗手間、廚房和寢室都集合於一起，牆壁以鋁板覆蓋。

　　第二代棚屋：以木製桁條製成屋頂，亦是木製結構造成框架，使用修長的石基，以減低水浸風險。與第一代棚屋同是單層長方型間隔為主，牆壁也以鋁板覆蓋。

　　第三代棚屋：屋頂框架及結構框架都是木製，基座由坤甸木木柱取代。擴大了居住空間，加建一層作為寢室之用，設有半開放式平台，用作醃製蝦醬、曬鹹蛋等。

　　第四代棚屋：兩層建築，木製屋頂框架及木製結構框架，棚屋室內細分不同房間，平台上建有露台，增加休閒和工作空間。露台下是分隔出來的廚房和洗手間。棚屋的基座木柱被混凝土包裹來支撐房屋，避免因漁船碰撞影響基座。

基座木柱被混凝土包裹

第一代

第二代

第三代

第四代

Mathematics
棚屋中的數學

　　大澳棚屋不同時期的外型設計，彷彿是由不同的立體圖形所拼砌出來。大澳的第一代棚屋，就是由半圓柱體和長方柱體所組成。第一代棚屋多是半圓頂的，像個船篷。

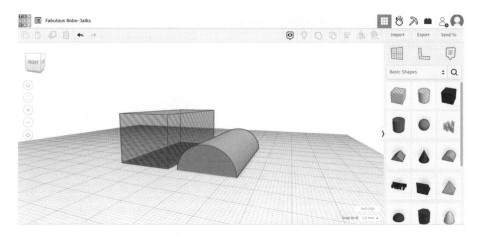

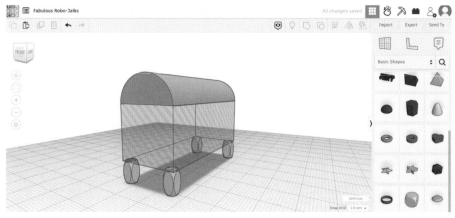

第二代棚屋就是由三角柱體和長方柱體組成，亦可以把它看成五角柱體。長方形棚屋分為前、中、後三段，前段是客廳或睡房，中段是擺放神位的地方，後段的睡房多留給長輩居住；有三角形頂。

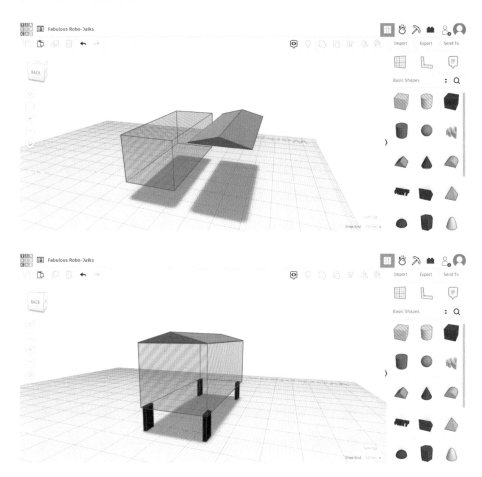

第三代棚屋和第四代棚屋，可以看成由較大的三角柱體和長方柱體組成五角柱體，再與一個底部是梯形的四角柱體組成的多邊立體圖形。

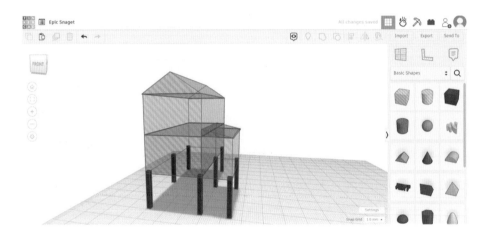

　　一般而言，棚屋沒有特定的大小和高度，主要視乎那戶漁民的需要和經濟能力。漁民的船隻較大，棚屋也會蓋得相對大。棚屋分棚頭和棚尾，漁民多會在棚頭吃飯、織魚網、補網，而棚尾就會用作擺放雜物。有時候，漁民更會利用棚屋頂來曬鹹魚，整間棚屋的上、下、前、後，均有用處，這種水上人獨有的棚屋生活文化就成為大澳獨有的文化特色。

石壁水塘看 STEM

石壁水塘位處南大嶼郊野公園內，屬於離島的其中一個水塘。它的東面有狗牙嶺，西面有羌山，北面有木魚山及獅子頭山，可見石壁水塘三面環山，一面向海。

　　於 1957 年開始興建，1963 年竣工，石壁水塘截存了附近三面山嶺流下的澗水，曾經是 60 年代全香港儲水量最多的水塘。現時，石壁水塘的儲水量可達 2,440 萬立方米，在全香港水塘中排行第三，位於萬宜水庫及船灣淡水湖之後。

　　石壁水塘的水塘主壩設有馬路，現在更是往返梅窩及大澳之間的主要通道。由 2022 年 4 月 21 日起，石壁水塘全年開放給公眾人士垂釣。

石壁水塘的過去

石壁水塘的前身是溪谷下游盆地，屬於半盆地。盆地是指四周地形較高而中間形成一個又低又平的低地，或是平地四周被山所圍繞。而半盆地則是指盆地的一個低平地被三面山所圍繞。

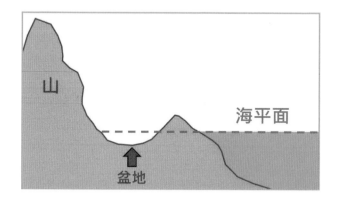

石碧鄉

在石壁水塘上的石碑上，記載了石壁水塘的原址為有 600 多年歷史的石碧鄉，是在大嶼山歷史中最古老的聚落，在興建石壁水塘前，石碧鄉有四條村莊，它們分別為石壁大村、墳背村、崗貝村和坑仔村。

由於香港在上世紀 50 年代中人口急速膨脹，加上經濟發展迅速，社會需要開發新水源以解決食水問題。因此，為紓緩食水問題，香港政府選址在大嶼山石壁谷，於 1959 年動工築建堤壩和興建新水塘，位於山谷內的村落最終淹沒在水塘底部。

有考古學家曾經在水淹之前於石壁開展發掘工作，在附近發現了陶器與石器，能夠推算出史前已有人類在石壁居住及活動；每年 3 至 6 月的旱季期間，部分仍殘留在水塘底的舊村遺蹟會露出水面。

🟦 石壁石刻

　　沿着石壁水塘堤壩東端的山路往下行，至石壁監獄以東的位置，即距離海岸約 300 米，可以看見香港史前時期的石刻 —— 石壁石刻。

　　石刻上的圖紋由同心正方形及圓形的幾何圖紋組成，與古代青銅器上的圖案相似，所以考古學家估計石刻大約是 3,000 年前的青銅器時代刻鑿。在香港發現的古代石刻大多數都瀕臨海濱，可推斷石壁石刻的位置在 3,000 年前是海邊。石壁石刻現已被列為香港法定古蹟。

石壁石刻

石壁水塘的科學

⫻ 水塘的功用

　　水塘的主要功用是收集雨水，為一個地區或城市進行儲水。香港自開埠以來，因為人口不斷增加，市民的用水量也急速上升，所以需要興建多座水塘及水庫以作收集雨水用途。

　　全港有 10 個水塘是供應食水之用，包括九龍水塘、大潭水塘、大欖涌水塘、城門水塘、香港仔水塘、石壁水塘、船灣淡水湖、石梨貝水塘、薄扶林水塘及萬宜水庫。當中萬宜水庫、船灣淡水湖及石壁水塘是全港儲水量最多的首三個水塘。

　　現在，香港的主要供水來源是由東深供水工程提供的東江水，因此香港本地水塘提供的食水屬於次要的食水來源，約佔日常用水量約兩至三成。

食水處理

　　水塘的水可以直接飲用嗎？當然不能！因為水塘的水屬於「原水」，即是未經處理的水。原水中包含了顆粒、雜質、微粒、細菌及微生物等，直接飲用會令身體容易受細菌感染，或會患上鈎端螺旋體病，出現高燒和頭痛等症狀。

　　由原水成為食水必須經過一連串處理過程，確保經處理的水完全符合香港食水標準，方可飲用。在香港，不論是來自香港水塘或東江的原水，都會利用水向低流的原理或借助抽水裝置，經由水管或輸水隧道輸往濾水廠；石壁水塘的原水分別會輸送到大澳濾水廠和長沙濾水廠處理。

大澳濾水廠

長沙濾水廠

在濾水廠內，原水會先混入化學品進行預先處理。原水流往澄清池除掉沉澱物之前，會加上明礬，即是硫酸鋁，使懸浮物凝聚成較大微粒後，沉澱在澄清池的底部成為污泥（污泥會被收集，再經過濃縮和處理成為污泥塊，作為堆填物料之用）。此外，亦會加入臭氧來氧化雜質、抑制水藻、減少味道和氣味。

　　澄清池會採用不同的澄清技術處理原水，包括多層式沉澱、固體接觸澄清、高速澄清及氣泡浮選澄清，目的是要全部顆粒凝結成較大的絮凝物並加以去除。

　　從澄清池流出的水會輸送到濾水池，透過「重力過濾」把較微細的懸浮物隔起。之後利用「生物過濾」的方法，即利用天然存在於原水的硝化細菌，在適當的環境下，把水中氨氮轉化為硝酸鹽，一方面可除去更幼細的微粒，又可讓消毒劑的殘餘量減少。

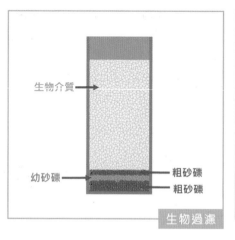

生物介質

幼砂礫　　　　粗砂礫
　　　　　　　粗砂礫

生物過濾

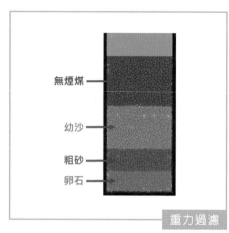

無煙煤

幼沙

粗砂

卵石

重力過濾

過濾後的水會在清水池內加入氯氣或臭氧進行消毒，經消毒後才供應市民飲用。為避免食水在送往用戶途中滋生細菌，微量的氯氣仍然會保留在水中，並會加入氟化物，保護牙齒。

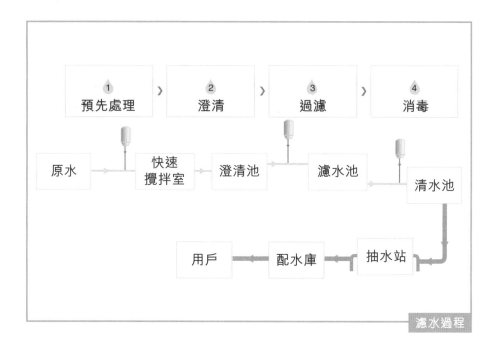

濾水過程

石壁水塘的科技

浮動太陽能發電系統

為配合香港的可持續發展，水務署於 2017 年 2 月在石壁水塘安裝了全港首個浮動太陽能板發電系統。此系統發電供應給水塘內的抽水站或水務署相關的機電設備使用，每年發電可達 12 萬度，相當於 36 戶普通家庭的年用電量，能為地球每年減少 84 公噸的二氧化碳排放量。

太陽能光伏板安裝在浮台上

利用水塘的土地資源，採集太陽光，轉化成再生能源，既有助減低水分蒸發及藻類滋生，又能夠節省珍貴的土地資源，保護郊野公園風景，可說是百利而無一害。

太陽能光伏逆變器及控制器

在石壁豎井塔內設有太陽能光伏逆變器及控制器，主要作用是把太陽能電池板所發的直流電轉化成交流電，太陽能電池板所發的電全部都要通過逆變器的處理才能對外輸出。

石壁豎井塔

Engineering

石壁水塘的工程

💧 水壩的興建及功能

　　建造石壁水塘水壩是為了形成一個人工屏障，用來阻擋石壁水塘的水漏往大海，有儲水作用。同時，也能防止石壁水塘的洪水泛濫。

　　觀察面向水塘方向的水壩，可見是土石壩，是利用當地土料和石頭等築成，採用壩址附近的土石作為主要材料。由於土石壩的物料較鬆散，水會慢慢滲入堤壩，降低堤壩的堅固程度，因此，在水壩的另一面（即背向水塘方向）的表面加上一層防水黏土，還在該斜坡表面栽種一大片草原，此舉具有降溫作用，避免因熱脹冷縮而令到黏士爆裂。

土石壩的另一邊是草原

土石壩

土石壩一般為梯形，因為底部承受的水壓比頂部的大得多，所以底部較頂部寬。而且設計是不允許水塘的水越過壩頂，所以壩頂高度應超出水塘最高水位的高度（水壩的高度為54.6米）。因此，興建前必須事先精準計算，還要修建溢洪道等泄水設施。

水壩

愈近水底水壓愈大

水壩底部承受的水壓比頂部大

壩頂高度超出水塘最高水位

◢◢ 溢水碗

　　石壁水塘設有圓形的溢水碗，是垂直的溢洪道，當石壁水塘滿溢時，多出的水便會從溢水碗上的水道口，通過大型的輸水管道流往位於籮箕灣的去水口，再流出大海，防止水塘周邊泛濫。

溢水碗（水位較高時）

溢水碗（水位較低時）

位於籬箕灣的去水口

　　原理有如洗手盆上的去水口，在洗手盆內的水滿溢前，多出的水會透過去水口流走。

◢ 豎井塔

　　石壁豎井塔的地基座是由矩形的石建造而成，利用長方體的石磚間斷式排列疊砌，是建築力學的工程設計。

　　如此間斷式疊砌，讓單一石磚遇上外力集中荷重（作用力）時，「反力傳遞路徑」（反作用力）會分散至由其他石磚共同負擔 —— 分擔作用力有助減輕單一石磚的負荷。

石壁豎井的基座以間斷式疊砌

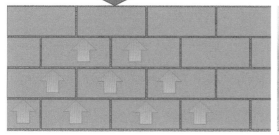

外力集中荷重

反力傳遞路徑

外力集中荷重

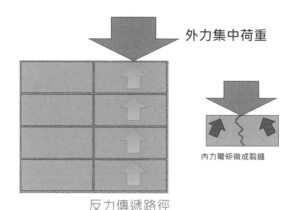

反力傳遞路徑

內力彎矩做成裂縫

　　若疊砌石磚的方式是並列式排列，那麼當單一石磚遇上外力集中荷重（作用力）時，反力傳遞路徑（反作用力）只在下方的石磚出現，即只出下方的石磚承受作用力，引致受力的石磚產生「內力彎矩」（因作用力大於反作用力而把力傳至石磚兩側），做成裂縫。因此，間斷式排列的石磚疊砌方式會較為穩固，能夠支撐石壁豎井塔。

　　石壁豎井塔內亦設置抽水設施，接駁輸水管道；該輸水管道從水塘開始，中間途經周公島，最後連接至香港島摩星嶺沙灣。

石壁水塘的數學

石壁水塘存水量百分率的計算

截至 2023 年 6 月 1 日，石壁水塘的存水量為 11.094 百萬立方米，佔整座石壁水塘的總存水量的百分之幾？

（石壁水塘的雨水儲存系統總存水容量可達 24.461 百萬立方米）

百分率計算 = 部分量 ÷ 全部量 × 100%

佔容量百分比 = 11.094 ÷ 24.461 × 100% = 45.35%

因此，截至 2023 年 6 月 1 日，石壁水塘的存水量佔容量百分比是 45.35%

與石壁水塘主壩相關的速率

石壁水塘主壩的長度為 718.1 米，若一輛以每小時 50 公里時速行駛的巴士在主壩上通過，需要用多少時間？

速率 = 距離 ÷ 時間 ➡ 時間 = 距離 ÷ 速率

巴士所需時間 = 石壁水塘主壩的長度 ÷ 巴士的速率
= 0.7181（公里）÷ 50（公里 / 小時）
= 0.014 小時

1 小時有 60 分鐘，那麼 0.014 小時 = 0.014 × 60 = 0.84 分鐘

1 分鐘有 60 秒，0.84 × 60 = 50.4 秒

所以若巴士以每小時 50 公里的時速行駛，只需 50.4 秒就能通過石壁水塘主壩上的通道。

又，一般成年人的步行速度約為每秒 1.5 米，如果以步行方式通過石壁水塘的主壩，需時多少？

利用「時間 = 距離 ÷ 速率」的數學公式進行計算：
718.1 米 ÷ 1.5 米 / 秒 = 478.7 秒

每 60 秒就是 1 分鐘，478.7 ÷ 60 = 7.9 分鐘

所以一個成年人以步行方式通過石壁水塘的主壩，需時約 8 分鐘。

〰 香港水資源的供求

根據香港水務署於 2022 年的資料，香港在 2021 年的總耗水量為 13.76 億立方米，當中包括沖廁用水。多年以來，從本地集水區收集得來的雨水都不足以滿足本地用水需求，例如 2021 年的集水區水量只能滿足約 18% 的用水需求。

再加上每年的降雨量都不穩定，引致每年本地集水量可相差達 2 億立方米不等。為解決雨量不足及不穩的挑戰，香港自 1965 年起輸入東江水，以滿足本地用水需求。在 2021 年，香港有 59% 的用水是從廣東省的東江經 70 多公里的路程輸入得來的。

2021 年總耗水量（食水及海水）
13.76 億立方米

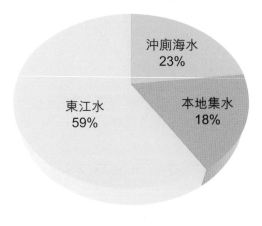

沖廁海水 23%

本地集水 18%

東江水 59%

隨着氣候變化及天氣酷熱的影響，香港正面臨降雨模式改變和高溫對水資源需求上升的挑戰，故每個香港人都有責任節約用水，確保大家可持續地善用珍貴的水資源。

希望大家能珍惜用水

港珠澳大橋中的
STEM

3.1

以往由香港前往澳門或珠海均要使用渡輪服務，若要以陸路往澳門或珠海進發就可能需要先到深圳再轉乘長途車，通過虎門大橋才能到達，路程變得更遙遠。

　　2018 年 10 月 24 日，港珠澳大橋通車，大橋總長 55 公里，其主體工程由 6.7 公里的海底沉管隧道、長達 22.9 公里的橋樑、逾 20 萬平方米的東西人工島組成，即「橋－島－隧」一體。港珠澳大橋是世界上最長的橋隧組合跨海通道。

　　港珠澳大橋通車後，經陸路往返香港、澳門及珠海的交通時間大大縮短，變得更快捷、更方便。由香港口岸至珠海口岸及澳門口岸的路程距離就縮短至約 42 公里，行車時間更只需 40 分鐘，沿途更可飽覽壯闊海景，讓香港、珠海及澳門三地能夠形成「一小時生活圈」。

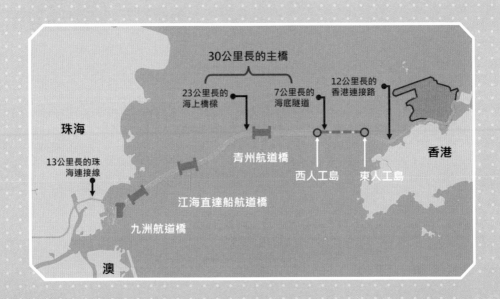

⚅ 與大自然共存

　　連接港珠澳大橋主橋及香港口岸的「香港連接路」，沿着機場人工島的海岸線建設，沒有使用任何吊索，而是以柱式建造高架橋，減低破壞自然景觀，盡量保持大自然的原貌。在乘坐巴士前往澳門時，依然可以從巴士車窗欣賞到東涌灣沿岸的天然風景。

〰 橋塔的寓意

　　港珠澳大橋主橋共有 3 座通航孔橋及 7 座橋塔，3 座通航孔橋分別是青州航道橋、江海直達船航道橋及九洲航道橋，而 7 座橋塔分別是兩座「中國結」橋塔、3 座「海豚」橋塔和兩座「風帆」橋塔，每組橋塔別具意義。由香港口岸出發離開西人工島會首先進入青州航道橋，在橋上會看見「中國結」橋塔。

　　兩座「中國結」索塔是港珠澳大橋上最高的塔，高達 163 米。橋塔的設計是參照中國傳統的繩結工藝，設計師把富傳統韻味的中國結加入現代氣息鑲嵌在索塔上，巧妙的設計展現出傳統加創意的建築美。

中國結

「中國結」橋塔寓意着三地文化的交融，以及共同開創粵港澳大灣區美好未來。

進入江海直達船航道橋，就會欣賞到 3 座「海豚」塔。江海直達船航道橋為斜拉橋，由於珠江口是國家一級保護動物中華白海豚的重要棲息地，因此設計師就把橋塔設計成「海豚」造型，仿似 3 條海豚面向同一方向躍出海面。

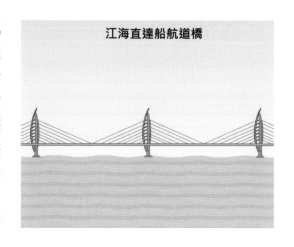

江海直達船航道橋

「海豚」造型，反映這一帶的海洋生態，寓意人類與海洋生態和諧相處。

進入九洲航道橋，便會欣賞得到兩座「風帆」形索橋塔。「風帆」形索橋塔貌似揚起雙帆的帆船，高 120 米，相當於 40 層高樓。「風帆」橋塔象徵粵港澳三地通力合作建設港珠澳大橋過程一帆風順。三組不同的塔橋設計包含了粵港澳三地的各種文化元素。

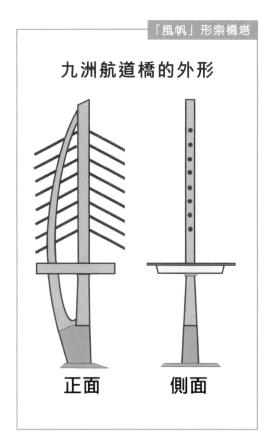

「風帆」形索橋塔

九洲航道橋的外形

正面　　側面

⫶⫶ 視覺透視

　　大家在乘坐巴士經過港珠澳大橋時，除了能夠欣賞沿途的景色外，也能夠學習甚麼是透視投影圖（又稱「透視圖」）。在透視圖中，距離愈遠的物體視覺上愈小，無限遠的物體最終消失變成一點，稱為消失點（Vanishing Point，V.P.），下圖就是一個例子。

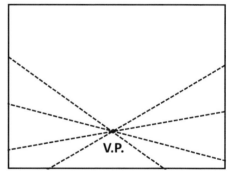

　　形成透視是因為光線直線前進的關係，在真實世界中光線都是以直線進入我們的眼睛，人類所看到的視覺畫面，全都是具有透視效果的「透視圖」。如果要把眼睛所看到的畫面，畫在紙上的話，就是「透視圖」。

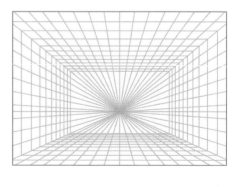

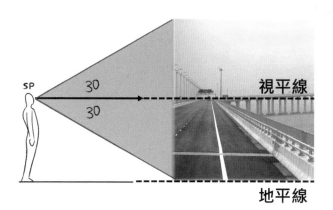

SP 30 30 視平線 地平線

　　若從巴士的前窗看大橋，所構成的影像是「一點透視投影圖」。消失點在視平線上任何位置，視平線即是視線的水平位置，地平線是圖像前端的最低點。

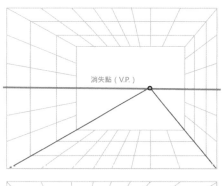

消失點（V.P.）

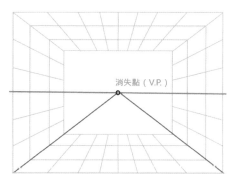

消失點（V.P.）

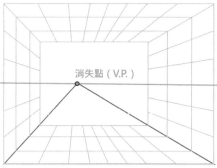

消失點（V.P.）

物件寬度與高度與畫面平行、深度向消失點傾斜，一點透視圖又稱為「平行透視圖」。

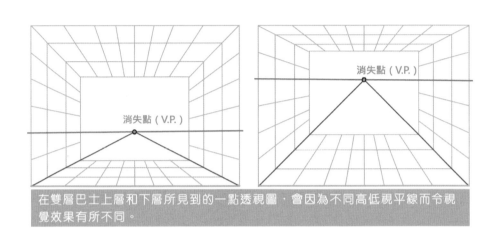

在雙層巴士上層和下層所見到的一點透視圖，會因為不同高低視平線而令視覺效果有所不同。

選擇靠左或靠右的位置觀看，視覺效果亦不同，但消失點都同是在大橋道路的後方。

繪畫「中國結」橋塔透視圖

　　想繪畫更有立體感，就要留意「消失點」。如果畫面上有多個物件，每個物件及物件的每個部分都有屬於各自的消失點，因此透視圖的消失點不只一個。也要注意，消失點的位置不一定會出現在圖畫之中，有時距離較遠的消失點會跑到圖畫之外的範圍。例如下圖中用綠色圈起的點，就是在圖畫範圍外的消失點。

消失點（V.P.）

消失點（V.P.）

學懂「透視圖」的原理後就可以親手繪畫「中國結」橋塔透視圖。

1　利用水平線位置繪畫出一條視平線。

2　在視平線上定好消失點，然後向地平線上畫斜線，成為道路的左右兩則，以及道路上的分隔空間。

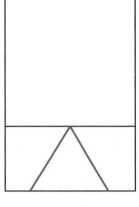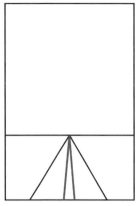

3 在道路中間位置的左右兩則，畫上一個中國結橋塔，完成後再在橋塔之下依比例再畫一個較小的中國結橋塔。

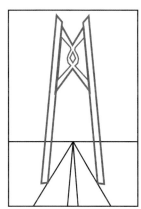
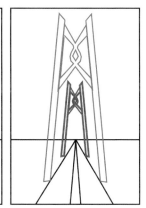

4 再在中國結橋塔的左右塔身畫兩條線，從塔頂連至道路兩側，作為鋼索，就完成了「中國結」橋塔透視圖。

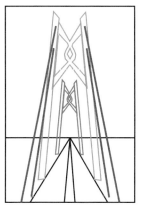
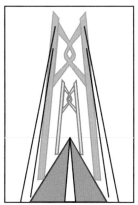

港珠澳大橋的科學

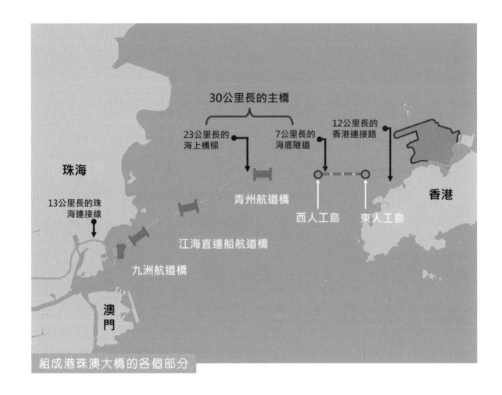

組成港珠澳大橋的各個部分

大橋的材料

　　港珠澳大橋是世界上最大的鋼結構橋樑，主要的材料就是鋼，單是大橋主樑鋼板用量就已經達到 42 萬噸，相當於 10 座國家體育館（鳥巢），又或者 60 座埃菲爾鐵塔的鋼材用量。

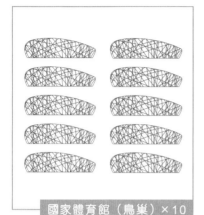

國家體育館（鳥巢）×10

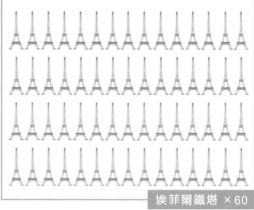

埃菲爾鐵塔 ×60

金屬在自然環境會發生腐蝕，尤其在高溫、高濕和高鹽環境中，生鏽和腐蝕的速度都更加厲害，而港珠澳大橋的橋樑須建置在海水中，因此要加強金屬材料的防水、防鏽及防腐能力，採用了雙相不鏽鋼作為建材。

港珠澳大橋橋墩所使用的雙相不鏽鋼鋼筋。雙相不鏽鋼是指鐵素體與含碳的鋼鐵固溶體各約佔一半組成的不鏽鋼，具有優良的耐孔蝕性能，不易被海水中的氯離子腐蝕。

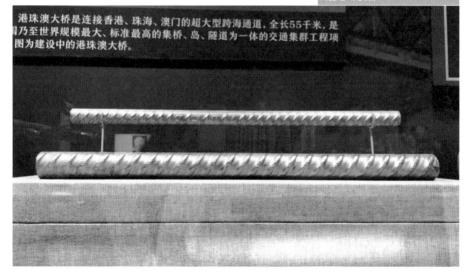

港珠澳大桥是连接香港、珠海、澳门的超大型跨海通道，全长55千米，是因乃至世界规模最大、标准最高的集桥、岛、隧道为一体的交通集群工程项图为建设中的港珠澳大桥。

🔳 金屬發生腐蝕的因由

在一般的自然環境下，金屬的腐蝕是屬於電化學腐蝕，是指整個反應過程中，金屬的原子因失去電子而被氧化，並以金屬陽離子的形態脫離金屬基體，在金屬表面形成腐蝕產物或溶蝕到環境中。

電化學腐蝕中的陽極總是失去電子的一方，並且當失去電子，陽極就會變成金屬離子從而被溶解或腐蝕。與陰極相比，陽極失去電子的傾向更大，與此同時，陰極會因為獲得電子從而避免遭到腐蝕。

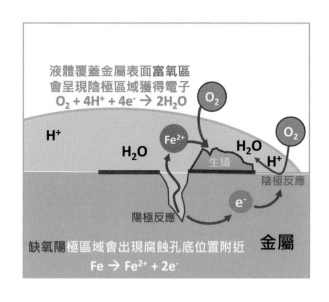

液體覆蓋金屬表面**富氧區**
會呈現陰極區域獲得電子
$O_2 + 4H^+ + 4e^- \rightarrow 2H_2O$

H^+ O_2 Fe^{2+} H_2O O_2 H^+

生銹 陰極反應

陽極反應 e^-

缺氧**陽**極區域會出現腐蝕孔底位置附近 **金屬**
$Fe \rightarrow Fe^{2+} + 2e^-$

⧄ 防止大橋鋼管樁被腐蝕

由於港珠澳大橋的鋼管樁長期被海水及泥下區（指海底的淤泥層、粗沙層及花崗岩層）的土壤包圍着，為了延長鋼管樁的抗腐蝕壽命，運用了犧牲陽極法和塗層防護法。

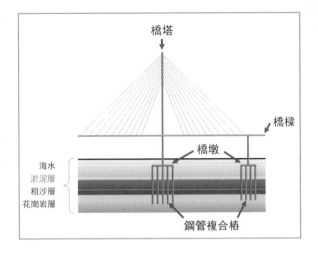

犧牲陽極法是以犧牲一種較容易失去電子的金屬，來保護另一種比較不易失去電子的金屬。犧牲失去電子的金屬會成為「犧牲陽極」，而接收電子的金屬會成為「陰極」。以鐵和鋅作比較，鋅是較容易失去電子的金屬，鐵就是較不易失去電子的金屬，將鐵和鋅放在一起，鋅會逐漸「犧牲」自己，減少電子，來保護鐵不被腐蝕。

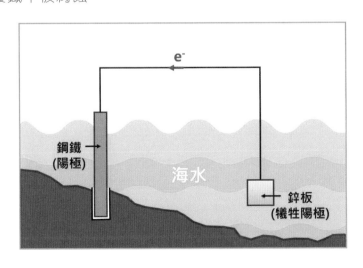

犧牲陽極法實驗 POINT

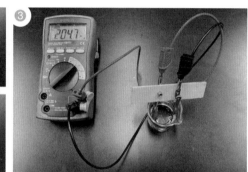

❶ 把鐵釘和鋅片分開擺放，兩種金屬都沒有失去任何電子。

❷ 但是鋅片與鐵釘重疊擺放，鋅片比鐵釘活潑，鋅片更容易失去電子，鐵釘則會接收電子，從而令鐵釘受到保護而減低氧化，引致鋅片被氧化而被腐蝕。

❸ 如果把鋅片與鐵釘放入電解液中，再用安培計接駁，就能夠測量到有電流出現。

要保護港珠澳大橋的鋼鐵，就要選擇其他比鋼鐵材料更容易失去電子的金屬來擔當「犧牲陽極」，例如鋁、鋅、鎂等，而建築團隊最終選用了鋁作為「犧牲陽極」，來保護港珠澳大橋的鋼鐵。

　　在塗層防護法方面，就使用了「重防腐塗裝技術」，利用 SEBF 熔融結合環氧粉末塗料和 SLF 高分子複合塗料，兩種塗料採用高溫熔融固化方式塗上鋼管樁使用，有助大大提升鋼管樁的抗化學腐蝕性、黏結強度、抗水性、抗陰極剝離性，這樣就能夠讓港珠澳大橋在海泥環境下達至 120 年耐久性設計要求。

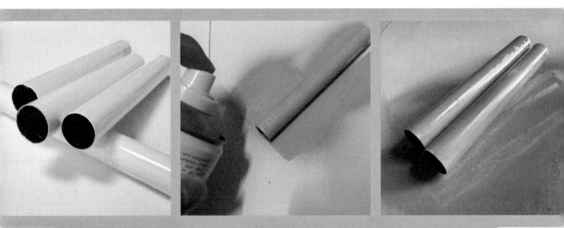

塗層防護法就有如在鐵管內外塗上或噴上油漆一樣，以油漆塗層阻隔空氣或海水接觸管身，減低鐵管生鏽的可能。

▨ 橋面上的作用力與反作用力

　　大橋的橋面需要有足夠的承托力，來承受多種及多架汽車的重量，當汽車在橋面上時，汽車的重量會給予橋面向下的作用力，而橋面亦會產生向上的反作用力於汽車身上，橋面反作用力與車的重量方向相反。

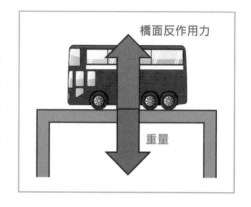

當大橋的支撐能力夠強，反作用力的大小與重量相等，汽車受到的淨力就等於０，大橋便能夠安穩支撐汽車，汽車就能夠安全地在橋上行駛。

如果大橋的支撐能力不足，橋面反作用力小於汽車的重量，汽車受到的淨力向下，汽車便會向下施力。

橋身因受到汽車向下的施力而下墜，形成彎曲現象對抗汽車重量。在這情況下，橋身會把下墜的力傳遞至其他位置形成額外拉力，有如橡皮筋拉長般以支撐汽車重量。如果向上的拉力能抵消汽車施於橋的作用力及橋向下的重量，淨力就等於０，大橋仍然能夠支撐汽車；相反，橋便會斷裂。

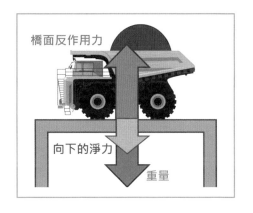

橋面反作用力

向下的淨力

重量

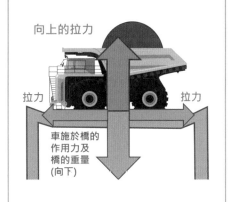

向上的拉力

拉力

拉力

車施於橋的作用力及橋的重量（向下）

橋向上的拉力 ＞ 車和橋向下的力
➡ **橋安全**

橋向上的拉力 ＜ 車和橋向下的力
➡ **橋斷裂**

斜拉橋和樑式橋的設計

為了提升了橋的穩固度和安全度，人們想到用一座或多座橋塔與鋼索組合來拉起橋面，增加橋的拉力及承托力，這種橋樑稱為斜拉橋。

港珠澳大橋主橋主要是斜拉橋，屬於平行連接型，多條鋼索是接近平行地連接於橋塔的不同的點上。

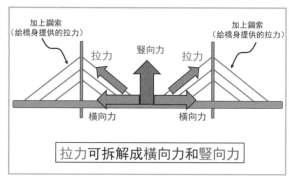

拉力可拆解成橫向力和豎向力

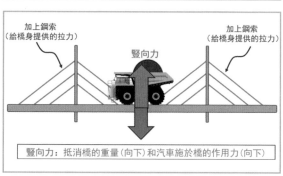

豎向力：抵消橋的重量(向下)和汽車施於橋的作用力(向下)

港珠澳大橋（香港連接路）則是樑式橋，利用樑或桁架樑作主要承重結構的橋樑。其上部結構在鉛垂向荷載作用（指橋身每個部分都有重量，它們因地心重力造成垂直向下的力）下，支點只產生豎向反力。

港珠澳大橋的科技

區域供冷系統

港珠澳大橋香港口岸的旅檢大樓建築面積達九萬多平方米，設置「區域供冷系統」，在旅檢大樓地庫內中央製冷機組，以冷凍海水的形式製冷。

「區域供冷系統」通過地下管道網絡，把製造出來的冷氣輸送分配給香港口岸上多個建築物。因為冷凍水的配送過程通過地下管道網絡完成，不需再獨立安裝製冷機組，所以此系統是一種非常節能的空調系統。

與傳統的氣冷型和使用冷卻塔的獨立水冷型空調系統比較，區域供冷系統可以分別減少 35% 和 20% 的電力消耗。區域供冷系統預計每年可節省高達 350 萬度電，有助減少排放 2,500 公噸二氧化碳。

港珠澳大橋的工程

人工島底基的修建

　　東西兩座人工島運用了「鋼圓筒快速建島填海技術」建造，把高 50 米、直徑 22 米的空心大鋼圓筒沉入海床，然後把砂石等物料注入鋼圓筒內形成圍堰（防止水和土進入建築物的圍護結構）。再把圍堰內部海水抽走，最後填入加固物料來堆成一個小島。

圍堰是水利工程建設中，為建造永久水利設施而修建的臨時圍護結構，可防止水和土進入建築物的修建位置，以便在圍堰內排水，開挖基坑，修築建築物。想像圖中鐵盆內的豆子是海水，把鋼圓筒放入盆內形成圍堰，將豆子（海水）抽走後，就可填入加固物料建造建築物。

人工島上的弱波石

　　東人工島和西人工島的外圍都堆砌了很多弱波石，主要的用途是防止岸邊陸地被海浪侵蝕，有保護海岸的防波堤構造及功能。

弱波石的形狀特別，大多數使用「雙 T 形」的石屎英泥裝置，即是「扭工字塊」。弱波石約有 3-4 噸，與大型石頭相比，弱波石比較輕，加上可以在工場大量生產，能夠運送到較遙遠的地方進行安裝。

　　弱波石與弱波石之間互相扣連，形成了牢固的保護層抵禦海浪沖擊，不怕被海浪沖散，中間的罅隙還可以吸浪。

海底沉管隧道的修建

　　海底沉管隧道運用了「深埋沉管技術」，利用挖泥船把海底淤泥掘清，然後再運用拖船把預製的鋼筋混凝土隧道組件拖到預定的區域，沉降到指定位置。再進行精密的沉管接駁，並用物料對組件進行加固。安裝整條隧道後，在上方覆蓋厚達 22 米的泥沙。

港珠澳大橋的數學

　　港珠澳大橋由 12 公里的香港連接路、29.6 公里的主橋（22.9 公里是海上橋樑，6.7 公里是海底隧道）和 13.4 公里的珠海連接線組成，港珠澳大橋全長 55 公里，是全球最長的橋隧組合跨海通道。

　　大橋全日 24 小時通關，穿梭香港及珠三角主要城市之間只需 3 小時；而香港口岸至珠海口岸及澳門口岸約 42 公里的路程，行車時間更只需 40 分鐘。

溫室氣體排放

　　根據環境及生態局於 2020 年香港氣候行動有關《按排放源劃分的香港溫室氣體排放量》的資料，用作運輸用的能源所產生的香港的溫室氣體排放不少。化石燃料是導致全球變暖的主要原因，當中 80% 以上的能源是使用煤、石油和天然氣等化石燃料產生，而燃燒化石燃料時會排放出大量溫室氣體，並以二氧化碳為主。

　　近年，人類利用「碳足印」來計算人類活動直接和間接產生出來的溫室氣體排放總量，並以二氧化碳當量＊（噸或公斤）表示「碳排放量」，所以「碳足印」可分為直接和間接兩個部分。

＊註：二氧化碳當量（CO_2e, carbon dioxide equivalent）是測量碳足印的標準單位，把不同溫室氣體對暖化影響程度用同一種單位來表示。

2020年按排放源劃分的香港溫室氣體排放量

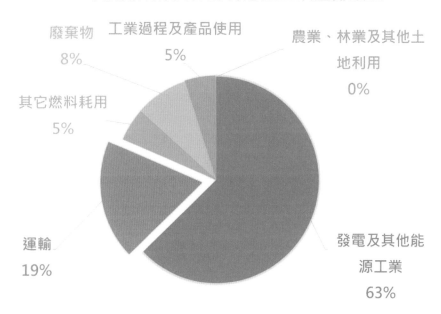

廢棄物 8%

工業過程及產品使用 5%

農業、林業及其他土地利用 0%

其它燃料耗用 5%

運輸 19%

發電及其他能源工業 63%

用作運輸的交通工具，例如汽車、輪船和飛機等，大多數是燃燒化石燃料的，會排放大量的二氧化碳。

舉例，1 公升汽油會排放 2.2 公斤的二氧化碳。如果汽車 100 公里消耗 8 公升汽油，300 公里距離的車程就會消耗 3 ×8 = 24 公升汽油，碳足印會增加 24 × 2.2 公斤 = 52.8 公斤二氧化碳。

公共運輸的碳排放

運輸工具	EF$_{distance}$（公斤 CO$_2$-e/ 乘客 / 公里）	EF$_{fare}$（公斤 CO$_2$-e/ 港元）
地鐵	0.0072	0.0102
巴士	0.0295	0.0515
小巴	0.0642	0.0883
電車	0.0274	0.0685
的士	0.1162	0.0197
渡輪	2.0082	1.3688

註：

公共運輸的排放系數可分為兩種：

1. *EF$_{distance}$* 只適用於清楚車程距離的情況，一般人未必清楚選乘的交通工具需行走多少公里
2. *EF$_{fare}$* 指每港元車資所產生的二氧化碳排放

資料引用：香港城市大學能源及環境學院《碳審計指引 2013》

香港城市大學能源及環境學院《碳審計指引 2013》指出，渡輪的溫室氣體排放系數比巴士高。究竟乘坐巴士和渡輪前往澳門，分別會排放多少二氧化碳？

坐上一輛滿座約 80 個座位的雙層港珠澳大橋穿梭巴士，由香港前往澳門，行駛 50 公里，產生的人均碳排放是多少？

二氧化碳當量排放（公斤 CO_2-e）
= 溫室氣體排放活動 x 排放系數（公斤 CO_2-e/ 乘客 / 公里）
= 行駛距離 x 巴士的排放系數（EF distance）
= 50 公里 x 0.0295（公斤 CO_2-e/ 乘客 / 公里）
= 1.475（公斤 CO_2-e/ 乘客）

每一程碳排
= 二氧化碳當量排放（公斤 CO_2-e）x 每程可載客數量
= 1.475 x 80
= 118（公斤 CO_2-e）

　　乘坐一艘約 400 座位的高速渡輪由香港前往澳門，行駛 65 公里所產生的人均碳排放是多少？

二氧化碳當量排放（公斤 CO₂-e）
= 溫室氣體排放活動 × 排放系數（公斤 CO₂-e/ 乘客 / 公里）
= 行駛距離 × 高速渡輪的排放系數（EF distance）
= 65 公里 × 2.0082（公斤 CO₂-e/ 乘客 / 公里）
= 130.533（公斤 CO₂-e/ 乘客）

每一程碳排
= 二氧化碳當量排放（公斤 CO₂-e）× 每程可載客數量
= 130.533 × 400
= 52,213.2（公斤 CO₂-e）

如果以相同乘客量比較，一程高速渡輪的載客量等同於 5 架穿梭巴士，5 架穿梭巴士碳排 =118 x 5=590（公斤 CO₂-e）

一程高速渡輪的二氧化碳碳排放是穿梭巴士的多少倍？

如果以 400 人計算
= 52,213.2 ÷ 590 = 88.5 倍

因此，乘坐穿梭巴士經港珠澳大橋來往港、珠、澳，比乘坐高速渡輪所產生的二氧化碳當量排放量，不論以每乘客或每程計算都明顯地低很多。

由此可見，大家可以直接控制二氧化碳的排放量，只要選擇陸上的公共交通工具，就有助減少排放二氧化碳。

3.2

從東涌炮台
看 STEM

東涌位於大嶼山的北部，除了鄰近郊野公園和旅遊景點，現已發展成為新市鎮，不但有鐵路和公路連接港九新界多個地區，經港珠澳大橋更能連接澳門及珠海，可說是四通八達。加上，東涌鄰近香港國際機場及港珠澳大橋香港口岸，絕對是香港出入境的其中一個樞紐。

　　在東涌亦可以發現不少古代遺跡，位於東涌下嶺皮村的東涌炮台，早在清代已經被稱為「東涌所城」，這兒曾是大鵬右營的水師總部，現時已被列入香港法定古蹟。

欣澳站

港珠澳大橋
香港口岸
人工島

博覽館站

香港國際機場

迪士尼站

機場站

香港迪士尼樂園

港珠澳大橋
香港連接路

愉景灣

東涌站

東涌炮台

梅窩

東涌炮台的歷史

▨ 為甚麼清朝政府要建造東涌炮台？

大嶼山位於珠江三角洲口，是扼守船隻來華的主要通道，亦是清朝時期（1644-1911 年）重要的邊防據點。

在清道光（1821-1850 年）年間，清朝政府為了阻止鴉片貿易活動、打擊海盜及加強防守，當時的清朝水師把附近的大鵬營升為大鵬協，分別設立左右二營，左營的水師總部設在今日深圳的大鵬灣，而右營的水師總部就設在大嶼山東涌下嶺皮村，成為「東涌所城」。在東涌所城上亦建起炮台以作防禦之用，炮台設有 6 門大炮，主要是要控制海面交通及以作防守之用。

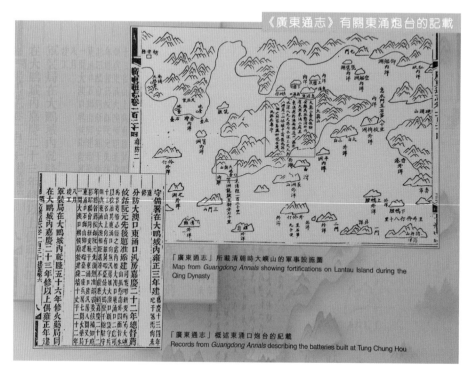

《廣東通志》有關東涌炮台的記載

「廣東通志」所載清朝時大嶼山的軍事設施圖
Map from *Guangdong Annals* showing fortifications on Lantau Island during the Qing Dynasty

「廣東通志」概述東涌口炮台的記載
Records from *Guangdong Annals* describing the batteries built at Tung Chung Hou

其中 2 支大炮　　　東涌炮台入口牌匾及拱門

東涌炮台城牆

◢◤ 東涌炮台的演變

　　自新界在 1898 年租借給英國，清兵撤離後，炮台遂被廢棄。炮台曾被改作警署用途，其後於 1938 年到 1940 年期間用作華英中學臨時校舍，至二次大戰時炮台被日軍佔用及重建。到大戰結束後，炮台就在 1946 年成為東涌公立學校校址及東涌鄉事委員會辦事處；東涌公立學校於 2003 年停辦。

　　東涌炮台所在 1979 年 8 月 24 日被列為香港法定古蹟，並於 1988 年全面維修，現在兼為東涌鄉事委員會辦事處和展示廳及東涌商會辦事處。

已停辦的東涌公立學校

東涌鄉事委員會辦事處

◢◤ 昔日東涌居民的生活

　　在東涌炮台展覽中心內，擺放了不少文物，大多數都是昔日東涌居民的生活用品，透過不同的農具及捕魚工具，可以知道昔日東涌居民的生活作息。還有展出了漁民在節日時用來運送媽娘出巡的神鑾，可見他們信奉天后，庇祐他們出海平安順利。

農民用品：

穀磨

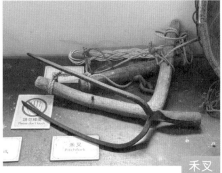

禾叉

漁民用品：

神鑾

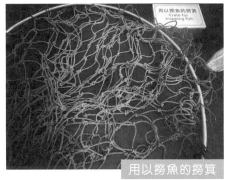

用以撈魚的撈箕

盛蝦或小魚的蝦籠

東涌炮台的科學

炮台的用途

炮台又名「砲台」，是指裝備大炮或火炮等軍事建設，通常作為防禦性工作，因此會建造得較為堅固，多數會沿岸興建，亦會設置在較高處的城牆上。

古代大炮的結構

東涌炮台上所擺放的大炮是屬古代大炮，從外形上觀察可見大炮是前裝式的滑膛「加農炮」，即是從炮口方向裝填發射藥（火藥）、填充物及炮彈。使用時，士兵先把炮彈通過炮口滑入炮管到達炮膛內，然後從火門燃點炮膛內的發射藥，發射藥與填充物因燃燒爆炸，所產生的高氣壓成為推動力，把炮彈通過炮管推送出炮口，直接撞擊目標造成破壞。

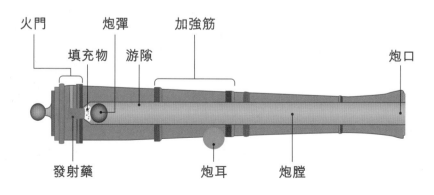

火門　　炮彈　　加強筋
填充物　游隙　　　　　　　炮口

發射藥　　　　炮耳　　炮膛

古代大炮的炮管長，炮管的管壁較厚，而且是從炮口到炮尾逐漸加粗，符合火藥燃燒時炮膛內的壓力能夠達到由高至低的原理，此設計可減輕整體重量而不降其強度。

在炮身的重心處兩側有圓柱型的炮耳，讓大炮能夠利用炮耳作為轉軸，以調節發射角度之用。大炮需要配合火藥用量來改變射程，炮彈會以一個平緩的拋物線向前推進，有效射程約500米。

從炮口到炮尾逐漸加粗

炮耳

大炮的材料

古代大炮多用鑄鐵製造，有不少缺點；它具有很大的硬度和脆性，不易鑄形又容易炸裂；炮彈與炮膛之間的接觸位置往往不平整，加上管道內壁凹凸不平，造成火藥燃氣外洩而大大降低火藥推力，導致其射程近、精度低、殺傷力弱。

炮身刻有漢字

東涌炮台的6門大炮炮身上刻有漢字，並分別有鑄於1805年、1809年和1843年的字樣，有考古學者考證，它們並非炮台原設，而是後來由其他炮台移至東涌炮台，並作裝飾之用。

∥ 作用力反作用力

　　大炮發射時，炮膛內火藥燃燒所產生的高壓成為炮彈的推力，同時造成炮彈給炮身的反作用力，即為炮身的後座力。故此，需要把大炮安裝在三合土炮座上來固定炮身，同時透過大炮炮身的重量及炮座的重量來減弱後座力，以降低固定軌道發生偏移的機會。

∥ 拋物線運動

　　炮彈被迫出炮口時會因為受高壓向前的施力而加速前進，在地球重力的影響下，炮彈在向前推進的同時會逐漸向下墜，並在空中以拋物線的路徑或軌跡移動，這稱為「拋物線運動」。因此，炮口所指的方向、炮彈推力的力度及炮彈被射出的角度，全都會影響炮彈拋物線軌跡移動和落點的距離。

◢ 東涌炮台城牆的花崗岩

　　東涌炮台在清代稱為「東涌所城」，城牆以花崗石砌成。花崗石，又名「花崗岩」和「麻石」，經常被用作建築材料，花崗岩是岩漿在地下深處經冷凝而形成的深層酸性火成岩，部分花崗岩為岩漿和沉積岩經變質而形成的片麻岩類或混合岩化的岩石。

　　在花崗岩中，包含了多種不同的化學成分，當中包含二氧化矽、氧化鋁、氧化鉀、氧化鈉、氧化鈣、氧化亞鐵、氧化鐵、氧化鎂、二氧化鈦、五氧化二磷及一氧化錳等。由於花崗岩內有不同的化學成分，引致花崗岩內會有不同的顏色出現，例如石英成分會顯現出白色、透明或半透明，長石成分就顯現出白色、淺黃、淺灰及粉紅等，視乎不同化學成分的比例及分佈，讓花崗岩擁有美麗的色澤。

　　花崗岩質地堅硬緻密、強度高、抗風化、耐腐蝕、耐熱、耐磨損和吸水性低，所以多用作建築材料。

城牆上的花崗岩

東涌炮台的科技

早期的農業科技

在東涌炮台展覽中心內，擺放了不少農具，當中有一台木製的風櫃（又稱風扇車），作用是把稻穀中的糠秕及雜物分離，有過濾雜質之用。風櫃是古代農業的科技產物，可以追溯至明朝，宋應星在《天工開物》中記載了閉合式的風扇車，與展覽中心內風櫃相同。

風櫃

風櫃內裝有輪軸、扇葉板和曲柄搖手。曲柄搖手周圍的圓形空洞為進風口，當攪動曲柄搖手時，輪軸會帶動扇葉板轉動，產生流動的風。

風進入風櫃內的長方形風道，農民把曬乾的稻穀倒入漏斗，來自漏斗的稻穀通過斗閥（漏斗的出口）穿過風道，飽滿結實的穀粒會因地心重力的影響下跌落入出糧口，而較輕的糠秕雜物則沿風道隨風一起飄出風口。

東涌炮台的工程

炮台的建築

東涌炮台四面都是城牆，即是由牆體和附屬設施構成的城市封閉型區域。封閉區域內為城內，封閉區域外為城外。

炮台內的東涌鄉事委員會辦事處及東涌炮台展覽中心就屬於城內設施，整座東涌炮台城牆就如小城堡一樣，是抵禦外侵的防禦性建築。

城牆主要由牆體、女牆、城樓和城門等部分構成。牆體在建築學上是指一種垂直的空間隔斷結構，用來圍合、分割或保護某一區域。牆身作為建築物的維護結構需要提供足夠優良的防水、防風、保溫和隔熱性能，為室內環境提供保護。

城樓 是指設在城上用來瞭望的樓台。城樓有時作為城堡主城的一部分，有時則作為城牆的防禦要塞，多設於城牆的四角或城門上方。

東面接秀門上的城樓

拱辰門上的城樓

西面聯庚門上的城樓

女牆 又名「女兒牆」是建築物屋頂外圍的矮牆，可作為欄杆之用，防止意外墜落。

城門 又稱「戰門」，是城鎮、城堡、要塞的主要進出通道，也是抵禦外敵的重要設施。

拱辰門

拱形的建築結構

東涌炮台設有三道拱形城門，分別為北面正門的「拱辰門」、東面的「接秀門」及西面的「聯庚門」，它們均是利用梯形的花崗石建成。

「拱」是常見的建築結構，中央上半呈圓弧曲線的形態。拱的結構多數運用於跨徑的門樑或橋樑，在一定距離進行重物的支撐及承托；拱在公元前二千年的磚或石建築已出現。

拱的構造基本由拱頂石、拱石、拱座及拱台所組成，而拱頂、拱石及拱座多數是梯形，以便砌合時能夠做出不同弧度或曲線的拱形。

拱形構造能夠承托材料本身的重量，還可以轉化為向外的水平推力以及對拱台向下的垂直力，加上為重力作用，在最高點的拱頂石所產生向下的力會向外側撐開，進而把自身的重力向兩側推，轉為斜向的推力。

拱頂石兩側的石頭除了承受本身的重量，還會把力傳給相鄰的石頭並向外撐開，力會漸進的傳遞開去，產生連串撐開兩側石頭、變換角度及應力傳導的累積過程，最終將水平推力與垂直推力平均分給拱座，而厚重的拱台可確保拱形構造的水平力平衡。

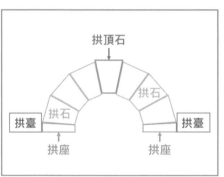

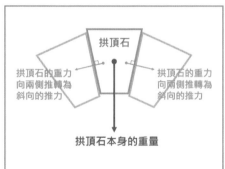

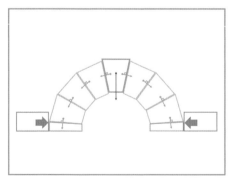

東涌炮台的數學

東涌炮台的面積

東涌炮台的長是 80 米，闊是 70 米，面積大約是多少平方米？
把整座東涌炮台看成長方形計算：

長方形面積 = 長 × 闊

東涌炮台的面積是：
80 × 70 = 5,600 平方米

所以東涌炮台的面積約 5,600 平方米。

若使用 Google Map 的「測量距離」功能，只要沿東涌炮台的城牆進行量度，就能夠更快得知整座東涌炮台的周界及面積。

▨ 東涌炮台中的圖形與空間

　　雖然有學者考證，向北城牆上所放存的 6 門大炮並非東涌炮台原有，而是由其他地方的炮台移來作裝飾之用，但其擺放位置和佈局都能模仿當年的模樣，例如城牆上的 6 門大炮附近都有足夠的矩形空間，相信是用作擺放炮彈之用；城樓內亦有足夠的存放空間擺放炮彈。

　　另外，城樓的頂部利用了多塊瓦片，一層一層的疊砌出斜面屋頂。瓦片屋頂不單能夠讓建築物室內達至多暖夏涼的效果，在下雨的時候，其斜面更能有效地排走雨水。

　　在城樓內也可以發現長方形的木門和木窗，並以對稱的方式進行開關，令空間變得工整。而木門和木窗都只是利用門栓與門杠，通過移動橫木就可直接卡住兩扇門或窗，設計充滿智慧。

斜面屋頂

斜面屋頂

城樓內的木窗

窗栓與窗杠

城樓內的木門

門栓與門杠

機場運輸中的

STEM

位於大嶼山赤鱲角人工島上的香港國際機場，是本港現時唯一的民航機場，自 1998 年 7 月 6 日啟用，取代香港啟德國際機場開始，香港國際機場就成為了全球最繁忙的國際貨運機場之一。

香港國際機場連繫世界各地、各行各業、各個市民的生活，客運與貨運均十分繁忙，是航空交通的重要樞紐。現在香港國際機場約有 220 個航點，由約 120 家航空公司提供航班服務連繫全球。

香港國際機場鄰近港珠澳大橋，便於採取多式聯運，交通網絡貫通內地及澳門。多年以來，機場一直擔當帶動香港經濟增長的角色，是香港極之重要的設施。

沙田精神號

1911年3月18日，查理斯．溫德邦（Charles Van den Born）在當日下午約5時駕駛他的費文型雙翼飛機成功試飛，成為在香港第一位駕駛飛機升空的人，而他駕駛的費文型雙翼飛機亦成為第一架在香港升空的飛機，此為香港航空史的開端。

費文型雙翼飛機成功升空的80年後，有數位香港飛機歷史愛好者為紀念香港飛行史起源，在美國德州找到製造商，並在1997年香港國際機場啟用前，成功仿製了一架1:1比例的費文型雙翼飛機。由於該架飛機在沙田首飛，故此命名為「沙田精神號」，並懸掛在香港國際機場一號客運大樓的天幕下進行長期展覽。

沙田精神號

機場中的科學

✺ 飛機的結構

大部分定翼飛機都有五個主要構成部分，它們分別是機翼、機身、尾翼、起落裝置和動力裝置。

機翼：為飛機提供升力的主要部件，模仿鳥類的翅膀，維持其在空中穩定飛行。機翼內部可以裝載燃油，外部則設置起落裝置和動力裝置等。

機翼正在裝載燃油中

機身：飛機的主體，用以裝載人員、貨物和設備等，機身與機翼相連。

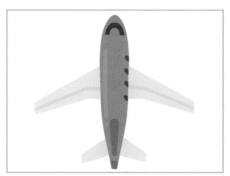

　　尾翼：安裝在飛機尾部的裝置，可增強飛行的穩定性。尾翼可以用來控制飛機俯仰、偏航和傾斜，以改變其飛行姿態。

起落裝置：用於飛機的起飛、着陸和滑行，並支撐飛機。飛機的前輪可偏轉，用於地面滑行時控制方向；而飛機的主輪上裝有各自獨立的煞車裝置。

動力裝置：是發動機或引擎等推動系統，能夠把燃油的化學能轉換為機械能，然後帶動螺旋槳加速，令空氣產生推力或拉力，或是直接向後排出燃氣獲得反作用推力。

✎ 飛機的飛行原理

飛機要在天空上飛行，就要克服地球的地心重力和空氣阻力，地心重力由升力克服，而空氣阻力則由引擎的推力來克服。

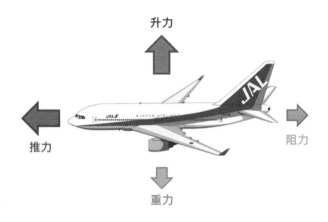

當飛機起飛，動力裝置（即引擎）產生的反作用力，將空氣向後推，令飛機產生向前推的動力。飛機在地面加速前進，氣流通過機身，會和飛機表面產生摩擦的力量，也就是阻力；當氣流通過機翼，上方的空氣流動的速度較快，壓力較小，產生上升的力量。過程中，只要推力大於阻力、升力大於重力，飛機就能升空。

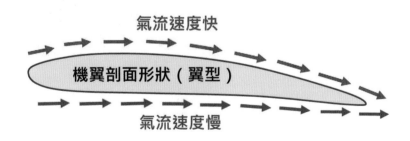

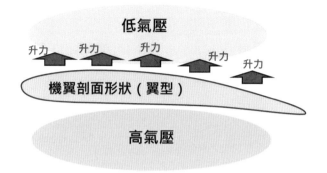

根據以下的升力公式分析，機翼是產生升力的主要部分，飛機在飛行中的空氣密度沒有太大變化，因此要透過改變升力系數、飛行速度及機翼投影面積來控制升力的大小。

$$L = \frac{1}{2}pv^2SC_L$$

L = 升力
ρ = 空氣密度
v = 飛行速度
S = 機翼投影面積
C_L = 迎角的升力系數

S– 機翼投影面積

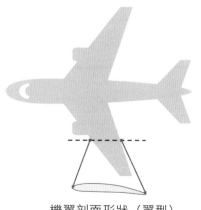

機翼剖面形狀（翼型）

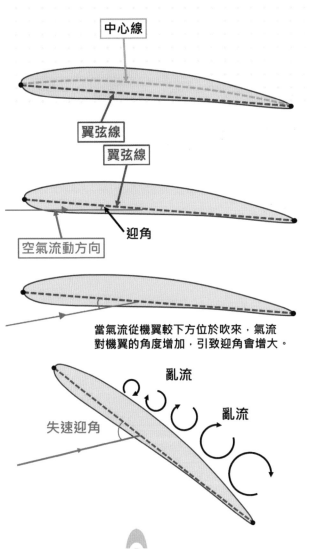

中心線

翼弦線

翼弦線

迎角

空氣流動方向

當氣流從機翼較下方位於吹來，氣流對機翼的角度增加，引致迎角會增大。

亂流

亂流

失速迎角

升力系數與機翼的**迎角**及**形狀**有關。飛機在飛行時，空氣流動方向與翼弦之間形成一個夾角，這個夾角稱為「迎角」或「攻角」，迎角是影響升力系數的重要因素，迎角愈大，升力系數愈大。

但是迎角有臨界值，到達最大值的迎角，稱為「失速迎角」。超過迎角的臨界值後升力系數就會快速下降，導致失速現象，影響飛行安全。

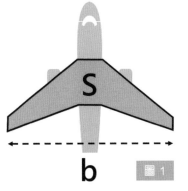

S

b

$$AR = \frac{b^2}{S}$$

AR = 展弦比
b = 展翼跨距
S = 機翼面積

圖 1

機翼的幾何形狀包括了平面形狀和翼型，平面形狀決定了飛機展弦比（機翼的翼展平方與機翼面積的比值，見圖1）大小。展弦比愈大，升力系數愈大，固定翼飛機會採用大展弦比的機翼。

飛機起飛前在地面滑行

起飛前襟翼維持原狀

飛機起飛後爬升

起飛時把襟翼放下以增加機翼面積，以產生升力

　　升力大小還受飛機速度和機翼投影面積影響，飛行速度增加，升力增大；機翼投影面積增大，升力增大。因此，只要通過一些裝置增加機翼面積，例如客機機翼後緣的襟翼，能增加機翼面積，使升力增大。襟翼亦可改變機翼的迎角及剖面的弧度，當襟翼向下垂時也會增加機翼的迎風面積而有減速的作用。

　　除此之外，從俯瞰角度看飛機外形，飛機是軸對稱的，有助飛行時穩定機身，而飛機能夠承受負荷的結構和流線的形狀也是有助飛行的重要關鍵。

∭ 機場中的環保設計

香港國際機場 24 小時運作，需要消耗不少的電能，為了更有效提升能源效益，以及減少碳排放，香港國際機場在興建時已採用環保設計，涵蓋節能和可持續發展等方向。

屋頂沒有採用混凝土，可使屋頂的重量大大減少，用來承重的柱和樑就也變得更細小，而使用圓拱結構來支撐屋頂，令室內空間變得更大。

香港國際機場客運大樓的屋頂天窗不但裝有玻璃，也安裝了反光板，除了能夠讓陽光由天窗照射進室內，還透過反光板反射光線，散開至室內各個空間，盡量運用天然光，照亮大樓。

加上，大樓內設有智能日光及感應調光系統，光線感應器會在天然光充足的情況下自動調低室內燈光亮度，以達到節能效果。

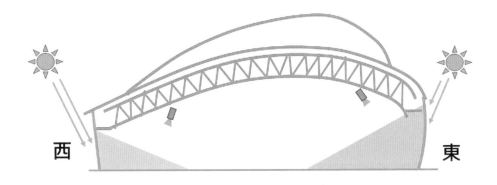

西　　　　　　　　　　　　　　東

　　而位於一號客運大樓以西，在兩條跑道之間的 T1 中場客運廊，座向沿南北軸線設計，大樓兩面採用高身幕牆，讓日光可經垂直玻璃透入室內。

　　大樓設計時考慮到香港朝向東面的建築物外牆每年吸收的太陽熱力較少，因此客運大樓的東面幕牆相對加高了，同時亦降低了西面幕牆的高度，以引入更多天然光，令景觀更開揚，又不會令室內變得太熱。

機場中的科技應用

善用科技傳遞信息

在機場內的入口當眼處及離境出口位置，設有大型的航班資訊顯示系統，由電腦操控，實時顯示機場航班的最新資訊，方便旅客和接機訪客查閱航班資訊及航空公司的登記櫃枱位置。

出境旅客查閱機場航班資訊後，便可以到相關航空公司的機場櫃枱辦理登機手續。同時，可透過香港國際機場的網頁（https://www.hongkongairport.com）或流動應用程式 My HKG 接收實時航班資訊及通知。

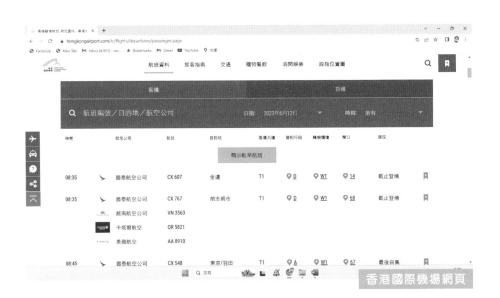

香港國際機場網頁

　　透過 My HKG 應用程式還可以預約機場服務及預訂餐飲，在抵達香港國際機場時更可自動連接機場的免費 Wi-Fi。程式內更設有機場導航功能，以及聊天機械人功能，以即時信息解答有關航班資訊、機場設施及購物餐飲的查詢，有如一個小小智能機場。

My HKG 應用程式

〞快捷方便的自助機械

　　要達至方便快捷的機場服務，減省旅客的等候時間何其重要，所以機場中添置了不少新科技設置，以方便不同旅客的需要。

旅客登記

　　離港旅客登機前都要事先準備好所有旅行文件進行登記，一號客運大樓設有登記櫃枱，每天 24 小時提供服務。

　　一號客運大樓同時設有逾 100 部智能登記櫃枱，旅客可使用智能登記櫃枱，自行辦理登記，只要掃描護照上的資料或輸入電子機票編號或訂位編號，就能夠檢索航班資料，再選擇座位及領取登機證及列印行李牌，便完成手續，省時方便。

　　離港旅客於智能登記櫃枱完成登記手續後，系統內將會建立一個載有該旅客旅行證件及登機證資料的生物特徵身份認證。

行李託運

　　在櫃枱進行登記的離港旅客，同時會在櫃枱進行行李託運，工作人員會把寄艙行李過磅量度重量，若果行李重量超出免費托運行李限額，就需要預付超額費用，同時系統會統計算航班總托運重量，以防超載。

　　完成託運登記的行李，須貼上附有 RFID（無線射頻識別技術）標籤，以便 RFID 行李辨識及追蹤系統監控行李的行蹤。

　　若離港旅客是使用自助登記服務櫃枱，就需要到所選乘航空公司的行李託運櫃枱辦理手續。

　　而自助行李託運櫃枱是「登機易」的自助服務之　，所有自助行李託運櫃枱均設置採用生物特徵識別技術的鏡頭，旅客只需於鏡頭前掃描容貌並成功核實身份，便可按輕觸式屏幕的指示，完成自助行李託運手續。

保安檢查

　　為確保所有旅客安全，機場保安人員會檢查旅客的手提行李，而旅客亦可能需要接受身體搜查。

　　已登記「登機易」的離境旅客在接受安檢前，可準備好旅行證件及登機證，只需於自助保安閘口鏡頭前掃描容貌，核實身份後便可以進入機場禁區。

　　旅客的手提行李須經由 X 光檢查儀進行掃描，其中手提行李內或身上的電子及金屬物品，須放置在獨立托盤內由進行 X 光檢查。X 光比較容易通過又輕又軟的物體，而不容易通過又硬又密的物質，所以 X 光較難通過金屬物品。

　　旅客又須要通過金屬探測拱門，金屬探測拱門產生和接收無線電波，由於無線電波會受到金屬物品阻擋，金屬探測拱門接收不到無線電波時便會啟動警報器，通知安檢人員進行人手檢查。

出境檢查

完成保安檢查後，旅客可準備香港身份證或有效護照等旅行證件，前往出境檢查櫃枱，辦理出境手續。離境旅客亦可以使用「離境易」自助離境服務，透過簡易的系統自行辦理出境檢查手續。

自助登機閘口

所有離港登機閘口均設有自助登機設施，旅客只需於自助登機閘口鏡頭前掃描容貌，系統核實身份後即可通過自動打開的閘口輕鬆登機。

機場中的工程

◢ 從高至低的程序鋪排

　　不論是乘坐機場快線列車或是機場巴士前往一號客運大樓，均會經過由高處一直往下的斜坡，進入位於第七層的旅客登記大堂。這種設計可使遊客從高點觀看整個登機大堂，有助引導離港旅客以直線的方式依步驟完成每一個離境程序，更快捷地前往登機閘口。

◢ 天際走廊

　　在香港國際機場的「天際走廊」是目前全球最長的機場禁區全天候行人天橋，連接一號客運大樓與 T1 衞星客運廊，設有電動扶梯及自動人行道，旅客只需步行約 8 分鐘，便可來往兩座客運大樓，能夠取代接駁巴士，有助減少廢氣排放。

　　天橋全長約 200 米，高度超過 28 米，可讓全球最大型雙層客機 A380 通過。天際走廊橋設玻璃幕牆，沿途還可以俯瞰客機經過及欣賞停機坪的景色。

而兩側近窗的地板採用玻璃設計，旅客可透過玻璃俯瞰飛機從腳下經過。天橋頭尾兩端分別設有餐廳及觀景台，可讓旅客從遠處欣賞機場第三條跑道。

　　天際走廊的建造工程，使用了預製施工方法，即在機場外預先組裝大型模塊和組件，然後將預製鋼段運送至香港國際機場並在現場組裝整條天橋，盡量減少對繁忙的機場運作造成干擾。此方法既能加強時間和質量控制，又能使工程對鄰近建築物和環境的影響降至最低。

⚡ 機場跑道

　　機場跑道的道面不但要承受飛機的機輪載荷，還要承受高溫和高速氣流，以及冷熱、乾旱、潮濕等自然因素的影響。跑道兩端的厚度，會比跑道中部的更厚，因為飛機起飛和降落都是在跑道的兩端，衝擊力會非常大。

　　在 2022 年 11 月 25 日，香港國際機場的第三跑道正式啟用，其他相關的工程亦全面展開，當中包括重新配置中跑道、擴建二號客運大樓、建造 T2 客運廊、興建新的旅客捷運系統和高速行李處理系統等。

　　香港國際機場現時的三條跑道分為：南跑道（07R/25L）、中跑道（07C/25C）、北跑道（07L/25R），三條跑道的方向相同，互相平行，均長 3,800 米，闊 60 米。

在正常情況下，北跑道（07L/25R）主要供飛機降落；南跑道（07R/25L）主要是供飛機起飛，間中供飛機降落。若其中一條跑道需定期維修保養，飛機起降則會安排在單一跑道上進行。

日後中跑道改造完畢後，北跑道（07L/25R）將主要供飛機降落，中跑道（07C/25C）主要供飛機起飛，而南跑道（07R/25L）會以混合模式運作。

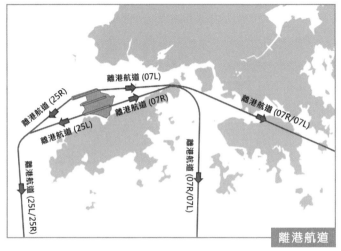

離港航道

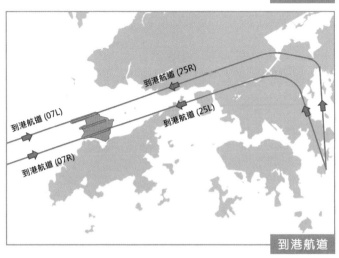

到港航道

177

機場中的數學

跑道方向及命名

一般國際機場的跑道會根據磁方位角命名，利用方位角的同時亦會指明了該跑道的使用方向，即是根據飛機機頭面向的方向。

命名的原則是取跑道磁方位角的前兩位數（即首兩個數字），例如方位角為 90 度的叫法是 090，取首兩個數字是 09，所以命名為「09 跑道」。而方位角為 135 度的叫法是 135，會以四捨五入的方式取首兩個數字，因此命名為「14 跑道」。另外，亦可能出現不同方向但同名的跑道，例如方位角分別為 222 度和 224 度的兩條跑道，都叫作「22 跑道」。

若跑道分別向着八個主要方位角，它們會如何命名？

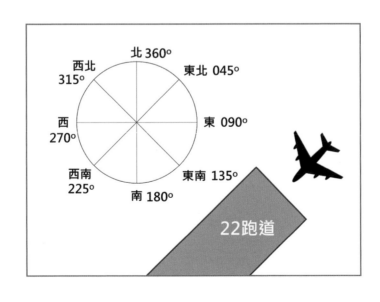

「36 跑道」指方位角為 360 度，向北的跑道；

「05 跑道」指方位角為 45 度，向東北的跑道；

「09 跑道」指方位角為 90 度，向東的跑道；

「14 跑道」指方位角為 135 度，向東南的跑道；

「18 跑道」指方位角為 180 度，向南的跑道；

「23 跑道」指方位角為 225 度，向西南的跑道；

「27 跑道」指方位角為 270 度，向西的跑道；

「32 跑道」指方位角為 315 度，向西北的跑道；

如果機場有超過一條方向相同的跑道，它們便會在數字之後加以 L、C、R 來區別，分別代表左（Left）、中（Center）和右（Right）。

至於香港國際機場的三條跑道，當飛機飛抵降落時，磁方位為東北偏東（67 度），而三條跑道互相平行，因此命名為 07L、07C、07R，在英語對話時會叫作 "Runway Zero Seven Left"、"Runway Zero Seven Center"、"Runway Zero Seven Right"。

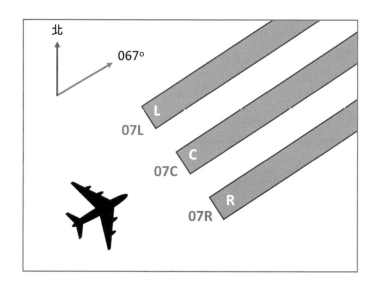

手提行李的體積限制

根據航空公司委員會就手提行李制訂的指引，旅客攜帶登機的手提行李體積不得超過 56 厘米×36 厘米×23 厘米（即 22 吋×14 吋×9 吋）。

為確保手提行李符合指引規定，旅客可使用設置於旅客登記大堂各登記行段及離港層出境檢查大堂入口處的手提行李量度箱。

機場停機坪上的魚骨記號

空橋，又稱為「登機橋」或「廊橋」，用作連接登機閘口至飛機艙門，方便乘客進出機艙。

要讓飛機停泊時機艙門對準空橋橋口，就全靠停機坪上的魚骨記號。這些魚骨記號其實是飛機停泊線，畫在空橋旁的地面並標記着飛機的型號，只要該型號的飛機前輪胎停到相對應的停泊線，機艙門就能對正空橋。

空橋和飛機

魚骨記號

飛機停泊在相應的魚骨記號上

鐵路運輸系統的 STEM

3.4

對於要往來東涌新市鎮的市民，以及往來香港迪士尼樂園或香港國際機場的旅客來說，鐵路是相當重要的交通工具。

香港鐵路有限公司的東涌線主要來往大嶼山東涌站與中環香港站，途經欣澳、青衣、荔景、南昌、奧運及九龍站，全長 31.1 公里，車程約 29 分鐘，大部分路段和機場快線並行或共用軌道。而機場快線是連接香港國際機場及香港商業中心區最快捷的交通工具，途經機場、青衣、及九龍站，全長 35.3 公里，由機場前往中環市中心約需 24 分鐘。機場快線更接駁博覽館站，車程只需約 2 分鐘，是旅客及參展商前往亞洲國際博覽館最直接和方便的途徑。

至於迪士尼線，列車穿梭來往欣澳站及位於竹篙灣的香港迪士尼樂園度假區，是全球首個專為迪士尼樂園而設的列車專線，同時亦是香港第一條採用無人駕駛系統的路線，全長 3.5 公里，車程少於 4 分鐘。

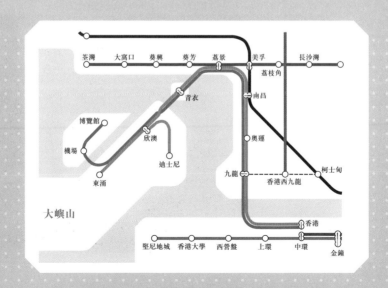

◢◢ 鐵路列車的流線型設計

　　不論是東涌線列車、機場快線列車或是迪士尼線列車，它們的車頭與車身設計都呈流線型。流線型設計的列車較為美觀，車頭外部形狀較矮、較圓及較斜，而且表面比較平滑。

機場快線列車

迪士尼線列車

東涌線列車

　　阻力是列車在流體中相對運動所產生與運動方向相反的力，列車在行駛的過程中無可避免地會受到空氣阻力，當列車行駛速度為 200km/h 時，空氣阻力約佔總阻力的 70%；當列車行駛速度為 500km/h 時，空氣阻力約佔總阻力的 90%，空氣阻力會隨着列車行駛速度增加而不斷提高。

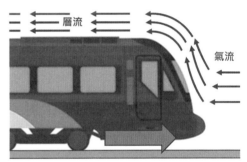

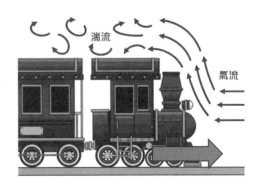

　　流線型設計的列車表面平滑，當流體（即空氣或水）在表面流過時，流體會與列車表面互相平行，各層流體依自身路徑流動，不會互相干擾，讓列車受到較小的阻力。相反，若列車表面凹凸不平或有尖銳突出部分，流體的流動會被阻及被干擾而出現亂流及擾流，形成阻力。因此列車需採用流線型設計來降低行駛時所產生的空氣阻力。

∥ 機場快線的車站設計

　　機場快線沿途各站的主題色彩均以灰色為主調，原因是設計師認為機場快線沿途的車站，都屬於機場的延伸，希望讓旅客在任何一站都有身處機場的感覺，所以沒有跟隨其他地鐵站使用七彩顏色區分。

香港站月台

九龍站月台

青衣站月台

機場站月台

　　機場站不設任何出入閘機，以方便旅客在機場站下車後，直接前往機場離境大堂，車費在市區車站或辦理預辦登機手續時支付。而由入境大堂亦可直接登上機場快線列車前往市區，到達市區車站出閘時才需繳付車費。

迪士尼線的夢幻藝術

迪士尼線列車與其他港鐵列車不同，是由港鐵列車經改裝而成，列車主色為藍色及白色，車門數量由原本兩邊共 10 道門改為兩邊共 6 道門，車門玻璃改為橢圓形。

車廂內裝以迪士尼人物以及形象為主，吊環採用米奇老鼠的造型，座椅是沙發，列車的窗戶採用米奇老鼠標誌的形狀。

沙發座椅及米奇標誌窗戶

迪士尼線列車

米奇老鼠吊環

迪士尼人物掛畫

迪士尼人物裝飾

由於窗戶是特別形狀，因此沒有設置緊急通風窗，車門與車門之間的車窗數量改為 3 扇。由於這些列車行走在單線鐵路上，因此最多只能有 2 列列車同時行走，最高運行時速由 80km/h 改為 70km/h，車廂外亦增設閉路電視。

　　迪士尼線列車的與其他港鐵線列車也不同，迪士尼線列車的廣播是特別錄製，同時加插一小段富有迪士尼風格的音樂，以配合迪士尼主題，讓旅客能夠透過視覺、聽覺及觸覺，預備投入迪士尼樂園的夢幻世界。

迪士尼線列車的車頭均使用玻璃門作緊急出口，可以欣賞到車外的景色。

▨ 迪士尼站的車站設計

　　迪士尼站的設計與其他的港鐵車站十分不同，雖然車站月台位置是低於地面水平，但是車站採用開放式的設計，所以屬地面車站。車站採用維多利亞時代風格設計，設備及裝飾是仿照 19 世紀的格局，以配合香港迪士尼樂園度假區設計。

迪士尼站

迪士尼站車站的大堂設於地面，大堂亦不是在月台的正上方，出入閘機及客務中心又位於出入口之處，以及售票機設置於車站建築物外牆，整個車站的設計相當獨特。

機場鐵路的科學

架空電纜及電杆

集電弓

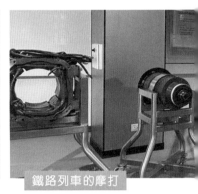
鐵路列車的摩打

電氣化鐵路

　　港鐵東涌線、機場快線及迪士尼線都同屬電氣化鐵路，是由電力推動的列車，即是主要能源是「電能」。鐵路列車的供電類型是直流供電，而直流電是指電荷流動方向固定不變的電流。直流電令鐵路列車的摩打轉動，產生動力驅動鐵路列車行走，當中的能源轉換是由電能轉換為動能。

　　鐵路列車的電力供應由架空電纜提供，架空電纜是憑藉電杆支撐，架設於鐵路列車行走的路軌上方半空，鐵路列車通過集電弓接觸導線取電，集電弓傳來的電力經過不同的變壓器、整流器和逆變器後，會把電力調節至適合列車的摩打使用。摩打通電後就會推動車軸，使列車產生向前的動力，電力再通過金屬車輪和路軌回流到電網中。

鐵路列車的路軌

　　鐵路列車需要在平行線的金屬路軌上行駛，以軌道來限制列車前後移動。由於只能前後移動，所以控制列車就變得更簡單，只需注意前方便可。而路軌一般是用鋼鐵製造的，再以枕木和道碴固定而成。

　　枕木，又稱「軌枕」或「路枕」，是鐵路路軌的組成部分之一，與路軌底部直接連接，能夠穩定路軌的位置，以防止路軌在列車駛過時移位引致危險。

　　由於鋼鐵不易斷裂，又容易屈曲成彎路，而且表面十分光滑，列車駛過時不會左搖右擺或劇烈震盪，方便高速前進。在鐵路的路軌設計中，路軌結構主要分為碎石路軌及混凝土路軌。

置於路軌下方的枕木

碎石路軌

混凝土路軌

碎石路軌

碎石路軌是較常見的鐵路路軌，主要在戶外使用。碎石路軌利用大量稱為「道碴」的小石頭，用作承托軌道枕木，分散列車駛經時產生的震動力，有助排水及方便調校路軌位置。碎石頭的另一個任務是要擔任防止鐵軌下陷的緩衝工作。

另外，鐵路列車高速通過鐵軌，會產生噪音和高熱，碎石頭除了能夠減低列車經過時所帶來的震動，還可以吸收噪音和熱力，使列車行駛得更穩定。

使用道碴可以把列車經過時所產生的壓力或列車重量，平均分散在路基上或轉移給道碴。

混凝土路軌

　　混凝土路軌毋須鋪小石頭，只透過扣件及金屬墊板把兩條鋼鐵路軌固定在混凝土組件上即可，但由於路軌須長期承受列車行駛及停泊時的重量，部分鋼鐵路軌及混凝土之間會填入彈性物料及彈性軸承，承托起整個路軌框架，以增加路軌的承托力。

　　列車本身十分沉重，行駛時及停泊時都會向路軌施壓，每次駛過更有如大鐵鎚敲打，所以路軌承受的壓力相當大。加上，鐵路列車的車次頻繁，若要維修，會造成嚴重影響，因此使用較堅硬的混凝土作為地基，可長期抵受壓力，既實用又符合經濟效益。

鐵路運輸與科技

軌道電路

　　軌道電路是一個安裝在軌道上的電路裝置，藉着列車通過時車軸的導電作用，探測列車正在哪一段路軌上，從而令信號系統作出適當的燈號顯示。

軌道電路圖

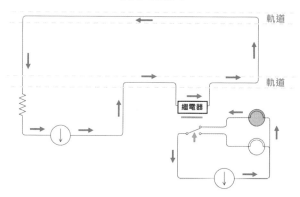

軌道電路圖

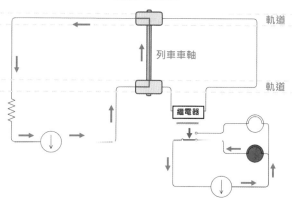

⚡ 軌道電路的原理

軌道電路

　　軌道電路的運作原理是在路軌上截取適當長度的鋼軌，並將兩端絕緣，從而構成一組獨立的電路區間。

　　當沒有列車經過或沒有被使用時，軌道電路控制區段因有電流通過，經由鋼軌到達繼電器（「號誌機」*的控制裝置）。由於有電流通過軌道繼電器，繼電器會產生電磁感效應，令前接點閉合，同時向中央處理系統發出「沒有列車」信號，繼而中央處理系統接通號誌機的綠燈電路，號誌開放變成 "Relay" 狀態，表示區段內「鋼軌完整」，且沒有列車佔用。

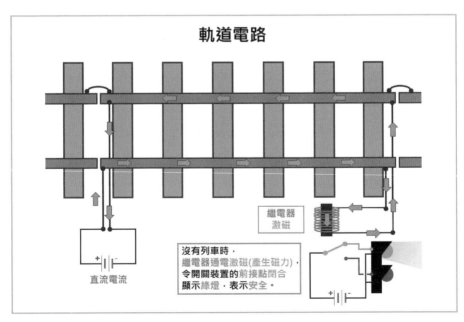

軌道電路

直流電流

繼電器激磁

沒有列車時，繼電器通電激磁(產生磁力)，令開關裝置的前接點閉合顯示綠燈，表示安全。

* 註：「號誌機」又稱信號燈

當有列車經過或被使用時，鋼軌中的電流因通過附有電阻的車軸形成最短路徑，引致沒有電流通過繼電器，因此沒有產生電磁感效應（斷磁），使後接點閉合，同時向中央處理系統發出「有列車」信號。然後，中央處理系統接通號誌機紅燈電路，號誌開放變成"Block"狀態，表示區段內「鋼軌不完整」，有列車佔用，以阻止其他列車進入該區段。

　　使用軌道電路的另一好處是可以成為軌道的安全系統，因為當軌道上出現裂縫或其他原因而被破壞，都會導致沒有電流通過繼電器，令號誌成為"Block"狀態，不讓其他列車進入該區段，以確保軌道使用及列車的安全。

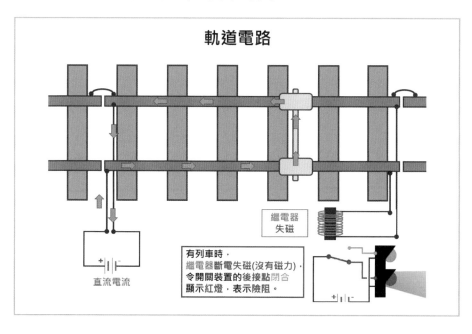

軌道電路

繼電器
失磁

有列車時，
繼電器斷電失磁(沒有磁力)，
令開關裝置的後接點閉合
顯示紅燈，表示險阻。

直流電流

路軌轉折處

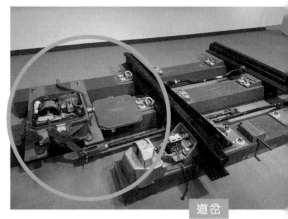

道岔

▨ 列車要怎麼轉彎

　　鐵路列車轉彎不是由司機控制，而是控制台的工作人員會在行車前要預先輸入每班列車的行駛路線指令，包括需要使用哪條路軌或轉換哪條路線。

　　當鐵路列車經過路軌上的道岔時，安裝於道岔前的電子設備會閱讀鐵路列車的路線指令，使路軌移動令鐵路列車能依指定路軌及方向行走。

　　道岔是一種帶有導軌的轉轍器和轍叉的軌道設置，通過道岔，鐵路列車可以從一個軌道轉至另一個軌道。

Engineering
鐵路運輸的工程

◿ 小蠔灣車廠

小蠔灣車廠現時是東涌線、機場快線和迪士尼線列車的車廠，位於大嶼山東北部的小蠔填海地，機場快線和東涌線主線北側。

小蠔灣車廠的路軌沒有與迪士尼線路軌連接，如果迪士尼線列車要來往車廠，就須途經機場快線和東涌線欣澳站至小蠔灣的一段共用路軌。

車廠除了為機場鐵路列車

小蠔灣車廠

進行日常維修外，車廠西北面更附設躉船碼頭，供市區線、東涌線、機場快線和迪士尼線海運到港的新直流電列車上岸。車廠亦有置放和拆解退役的港鐵市區線現代化列車，車廠亦同時設有一個大型機務段，供所有在港鐵市區線使用的列車停泊及進行定修、大修之用。

為配合東涌未來的房屋發展，小蠔灣車廠用地將會在上蓋車廠興建房屋，預計將會提供 2 萬個公營及私營單位，當中約一半會是資助出售房屋，以紓緩香港的房屋問題。

為未來準備的東涌延線

東涌人口將會不斷增長，市民及旅客對鐵路運輸交通的需求亦會相應增加。《鐵路發展策略 2014》中，就提及到為了應付東涌社區的成長和蛻變，需發展東涌線延線工程，當中包括發展東涌東段和東涌西段，而相關工程現已展開。

東涌東段的發展：於欣澳站及東涌站之間進行長約 1.2 公里的路軌改道，並於東涌東填海區新設東涌東站。

未來東涌線

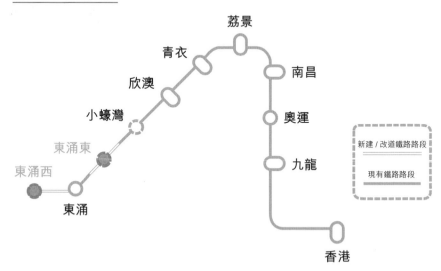

東涌西段的發展：把現有東涌站的鐵路隧道向西延伸約 1.3 公里，並於逸東邨附近新設東涌西站。

於東薈城旁的東涌站

逸東邨對出將新建東涌西站

新填海區的將新建東涌東站

東涌線延線工程完成後，能夠為於東涌東及東涌西居住或工作的乘客提供鐵路服務，為往返東涌區內外的乘客提供更快捷方便的交通選擇；加上鐵路列車是低碳、低排放的環保公共交通工具，能夠促進北大嶼山及本港可持續發展。

鐵路中的數學

圓形的美學

在迪士尼線列車上的吊環或窗戶，甚至連車站裝飾都採用了米奇老鼠的外形圖案，但大家有沒有留意到這個圖案是由三個圓形所組合而成，而且當中還暗藏一些數學知識？

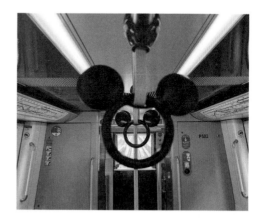

米奇老鼠面部的大圓形與兩隻圓形耳朵的比例大約是 1:0.65，兩隻圓形耳朵的圓心與面部大圓形的圓心所形成的角是 90 度的直角，而圓形耳朵的半徑距離，與面部大圓形圓心到圓形耳朵的圓周位置的距離是相同。

　　認識了米奇老鼠標誌的圓形關係，大家就能夠動手畫出一個接近標準比例的米奇老鼠圖案。

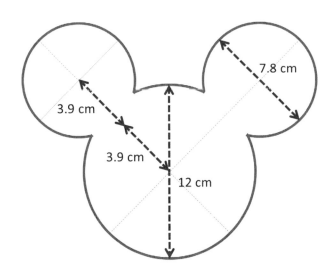

列車的載客量

東涌線列車每列有 8 個車廂，每個車廂有 48 個座位，企位約 270 人（以每平方米站立 6 人的乘客密度計算），繁忙時間列車班次為每 4 分鐘一班，每小時每個方向的載客量有多少？

東涌線列車每小時每個方向的載客量
= 每個車廂的載客量 × 車廂數量 × 每小時的班次
=（48 + 270）× 8 ×（60÷4）
= 318 × 8 × 15
= 38,160 名乘客

迪士尼線列車是由 4 個車卡所組成，每日都會為乘客提供服務，繁忙時間列車班次為每 4 分鐘一班，設計載客量為每小時每個方向 7,200 名乘客，最高載客量為每小時每個方向 10,800 名乘客。

如迪士尼線需求增加，車站月台可予擴展至容納 8 個車卡的列車，設計載客量為每小時每個方向 14,400 名乘客；最高載客量為每小時每個方向 21,600 名乘客。

鐵路列車的速率

　　鐵路列車裏的數學元素還有很多，例如路軌是平行線的設計，是要確保路軌之間的距離是相同才可使鐵路列車平穩地行走。此外，利用鐵路列車行駛的平均車速，可以預算到達目的地的抵達時間，以機場快線由博覽館站往香港站為例，全程 35.3 公里，約需 28 分鐘。

利用「時速 = 距離 / 時間」的公式計算，
機場快線的平均時速可達 35.3 / （28÷60）
= 76 公里 / 小時。

而東涌線列車由東涌站往香港站，全長 31.1 公里，
車程約 29 分鐘，東涌線列車的平均時速可達 31.1 / （29÷60）
= 64 公里 / 小時。

至於迪士尼線全長 3.5 公里，由欣澳站到迪士尼站，
車程少於 4 分鐘，迪士尼線列車的平均時速可達 3.5 / （4÷60）
= 52 公里 / 小時。

4.1

銀礦瀑布的
形成與 STEM

位於大嶼山東面的梅窩，古時因為地形似梅花，曾被稱為「梅蔚」或「梅窠」。很多人以為梅窩是一個小島嶼，但其實梅窩是大嶼山的其中一個角落。

往來梅窩最方便快捷的途徑就是從中環（六號碼頭）乘坐渡輪；普通渡輪的航行時間約 50 至 55 分鐘，而高速船的航行時間約 35 至 40 分鐘。

每當到達梅窩後，筆者首先就會到銀礦灣瀑布公園，欣賞氣勢磅礡的銀礦灣瀑布 —— 細聽流水飛瀉打在石頭上的瀑布聲，以及瀑布之下的涼涼流水聲；附近的涼亭正是觀賞瀑布的理想位置。

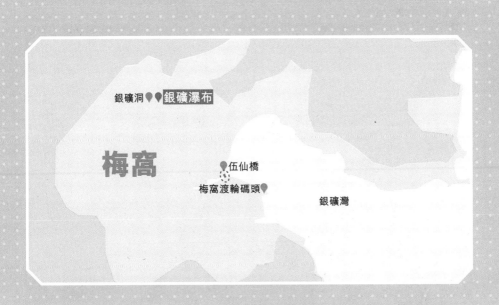

銀礦洞　銀礦瀑布

梅窩

伍仙橋

梅窩渡輪碼頭

銀礦灣

▨ 中式建築伴瀑布

在銀礦灣瀑布公園所設的中式涼亭，主要是讓行山人士或遊客休息之用，他們更可坐在涼亭裏觀賞瀑布景色；這中式涼亭是四角涼亭的一種，四角涼亭會採用四條圓柱作為立柱，負責支撐涼亭頂蓋部分的橫樑、主樑、瓦片及亭頂；頂蓋呈正方形，整個四角涼亭運用了對稱的建築美。

涼亭頂蓋的瓦片以一層一層的方式砌成斜面屋頂，令下雨時更有效地排走雨水；頂蓋利用綠色作為顏色，白色的橫樑則代表天空，紅色圓柱除了能提示涼亭所在地外，還代表泥土和岩石的自然色系。整個涼亭的配色就是以不破壞大自然的景觀為主，達至與大自然環境融合。

四角涼亭

◢◢ 繪畫瀑布要認識大自然

　　對於畫水墨畫的人來說，畫瀑布比較有難度，因為瀑布的水流落在岩石後，千變萬化，無一雷同，因而較難捉摸。

　　水墨畫大師會先把瀑布模擬成梯級形狀，並分析瀑布水流的落差與岩石之間的關係——如沒有山石的千變萬化，就沒有瀑布的千姿百態。水的落差即是岩石之間的高低距離，岩石的高低縱橫將決定水的流向，若岩石低處遇雨便成為水的聚集處。就是這樣分析瀑布與岩石的結構關係，以此用線勾勒出瀑布雛形，從而畫出寫意的瀑布。

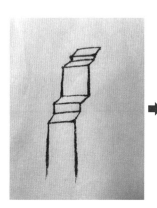 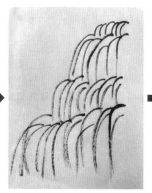 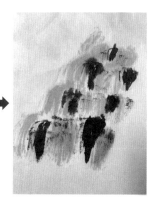

銀礦瀑布的自然科學

瀑布的形成

山上的水匯集成溪流，當河流或溪水經過河床縱斷面的顯著陡坡或斷崖時，水流便會順勢傾瀉，於是形成垂直或近乎垂直地急劇傾瀉而下，這種水流就是瀑布。

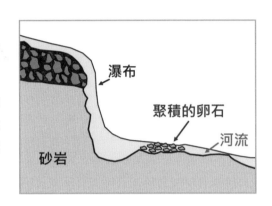

為何溪流盡頭是斷崖？

在地質學上，瀑布被稱作「跌水」，其成因是受到斷層或凹陷等地質構造運動和火山噴發等地表變化，造成河流突然中斷，或者因流水對岩石的侵蝕造成河床有地勢差，這些都能使河流產生瀑布。

水流對河底硬度不一的岩石，會造成差別侵蝕，較脆弱的岩石受侵蝕速度較快，漸漸令河床出現明顯的落差。

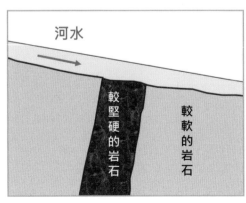

相對河床走向，堅硬的岩層抗蝕力強，瀑布遂出現在較硬的岩牆位置，在河道上就會形成先水平、後垂直，然後向上游傾斜的模樣。

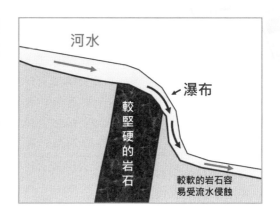

銀礦瀑布的形成

鄰近白銀鄉的銀礦灣瀑布，其附近一帶岩石由斑岩及花崗岩組成。其實梅窩地區的岩石大部分都屬於花崗岩，儘管它已屬於較堅硬的岩石，但因其節理較明顯，相對容易受風化作用影響，尤其附近是經常流動的水，就會較容易被侵蝕。

斑岩

花崗岩

在銀礦瀑布位置，恰巧有一層較硬、抗蝕力較強的斑岩岩牆橫亙在河道上，河水流動對河床上的斑岩造成的侵蝕較少，而下游的花崗岩則被侵蝕得較快，即是水流對河底的斑岩和花崗岩兩種硬度不一的岩石，造成差別侵蝕；

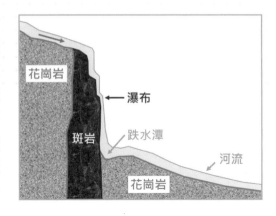

在長年累月被流水衝擊及侵蝕的作用下，遂形成了銀礦瀑布。銀礦瀑布分為上銀礦瀑布和下銀礦瀑布；左邊較高的是上銀礦瀑布，右邊較矮的是下銀礦瀑布。

上銀礦瀑布

下銀礦瀑布

▨ 岩石是甚麼？

　　岩石是由一種或幾種礦物、岩石碎塊和有機物質等組成的固態集合體，岩石的成分、外貌、形狀，以及岩石結構內礦物或粒子的大小及形狀，和岩石內顆粒和晶體的排列，皆能顯示該岩石形成的過程。

　　同時，岩石中包含了不同化學成分，因此岩石的顏色是判斷岩石成分的重要指示。構成岩石的常見礦物有石英、雲母、輝石、橄欖石、方解石和含有其他礦物的閃石類等。

石英

白雲母

透輝石

針鐵礦（閃石類的一種）

✌ 為甚麼山上的瀑布會一直流不停呢？

銀礦灣瀑布是匯集黃公田、亞婆塱、窩田等數支支流而成，流經地區的岩石大部分是花崗岩結構，以石英、長石和雲母組成，晶體分佈平均而顆粒粗，容易被侵蝕成河道。

如果長時間沒有下雨或地下水太少，瀑布就可能變小或中止。在雨季的時候，由於山中常下雨，聚集上游的河水一直流動不停，水量會比較充沛，讓流水源源不絕傾瀉而下，瀑布也就持續不斷了。此時的瀑布流水急勁，重重飛瀉，氣勢宏偉，還產生震耳欲聾的聲音，很值得大家在雨後前來欣賞。

✌ 瀑布的能量轉換

瀑布源源不絕的流水，能產生水力（Hydropower 或 Water Power），又稱水能。瀑布的流水由高處垂直往下衝落至跌水潭，是天然水流所蘊藏的位能和動能的能量轉換；透過水流的流量與落差再配合技術設施，就能夠把水能轉化為機械能或電能，這就是水力發電的過程，亦是一種可再生能源。

瀑布的水在高處位置時就存有位能。在引力下，一定容量或質量（m=Mass）的流水，由高處即高度（h=Height）跌下，即是水所作的功。

　　瀑布的水流因受到空氣阻力的影響，下落到跌水潭前會以等速下降，而且落至水面會因碰撞而產生聲能。

　　假如一滴瀑布的水滴質量是 2.7×10^{-7} 公斤，落到跌水潭前以均等速度每秒 20 米下降，並假設在這等速運動期間，水滴受空氣阻力產生的熱量會全部被水滴自身吸收，則此水滴每秒溫度約升高 0.048 度，是為熱能。因此，瀑布的能量轉換會由位能轉化成動能、聲能及熱能。

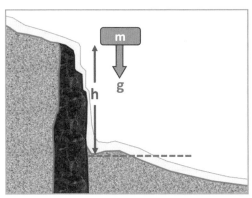

銀礦瀑布與科技

大自然中的負離子

「原子」是構成物質的基本粒子，原子非常小，直徑只有約 100 億分之 1 米。原子藉由彼此連結，會形成「分子」。原子中心有一個帶有正電荷的「原子核」，其周圍則環繞着帶有負電荷的「電子」。此外，原子核又是由帶正電荷的「質子」和不帶電的「中子」所組成。由於正負電荷數相同，所以原子是電中性的，即不顯電性（淨電荷為 0）。

然而，當原子在得到電子或失去電子後就會帶有電荷，帶有電荷的原子稱為「離子」；得到電子時，就成為負離子，反之則是正離子。例如把毛衣與橡膠間尺進行摩擦的實驗，令橡膠間尺得到負電子，來吸附起小紙屑。

原子核
中子　質子
電子

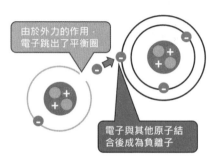

由於外力的作用，電子跳出了平衡圈

電子與其他原子結合後成為負離子

在大自然中，有很多情況都會產生負離子。植物的光合作用將二氧化碳轉化為氧氣，過程中會產生負離子；陽光中的紫外線分解空氣離子時也產生負離子；打雷時的雷電使空氣中的分子變成了負離子，而瀑布、溪水、海水、噴泉等衝擊石頭、地面或水面時激起大量水花，水花又與周圍空氣摩擦，都會形成負離子。

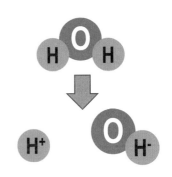

瀑布的水流在快速跌落、噴濺時，高速運動的細小水滴會與空氣分子互相摩擦，部分水分子斷裂成氫離子 —— 氫離子很容易與水結合，使水滴帶正電；氫氧負離子則易與空氣結合，使空氣帶負電。

空氣中的氫氧負離子有超強淨化力，負離子會吸納空氣中的塵埃、細菌、病毒、黴菌、揮發性有機化合物、花粉、惡臭等細小污染物，讓這些污染物附到樹木、岩石或溶入水中，達到淨化空氣的作用，減少污染物被人體吸入，損害健康；這種大自然的自淨作用又稱為「萊納德效用」。

負離子被命名為「空氣維他命」，對中樞神經、自律神經、呼吸、心血管、血液、免疫等系統都有助益，氫氧負離子亦會隨着空氣被吸進人體內，再通過循環系統和神經系統作用於人體，這種作用能夠促進新陳代謝，激發各器官的功能，增進食欲，消除疲勞。

科學家曾經進行仔細計算，發現在不同的空間地區中，每立方厘米的空氣中的負離子含量都不同：

地區	負離子濃度
天然森林與大瀑布區	約 50,000 ions/cc
高山及海邊	約 5,000 ions/cc
郊外與田野	約 700 - 1,500 ions/cc
都市公園	約 400 - 600 ions/cc
街道綠化區	約 100 - 200 ions/cc
都市住宅區	約 40 - 80 ions/cc

ions/cc 是負離子濃度的單位，指每 1cc 的空氣中含多少個負離子。

大瀑布區的負離子濃度甚高，是因為大量瀑布水流從高處落到低處，擊打到水潭周圍的岩石而激起大量的霧狀水花，這些飛散的水花，即大量水粒子與周圍空氣摩擦發生「電荷分離現象」，就可能產生大量的負離子。

Mathematics
銀礦瀑布的數學

　　從中環前往銀礦灣瀑布公園呼吸新鮮空氣的最快捷方法，就是由中環（六號碼頭）乘坐輪船前往梅窩。普通渡輪的航行時間約 50 至 55 分鐘，而高速船的航行時間約 35 至 40 分鐘，渡輪航行約 8 公里，普通渡輪和高速船的速率是多少？

速率 = 距離 ÷ 時間

普通渡輪的速率 = 8 ÷（55/60）= 8.7 公里每小時

高速船的速率 = 8 ÷（40/60）= 11.9 公里每小時

普通渡輪

高速船

由梅窩碼頭步行至銀礦瀑布公園約 22 分鐘，沿途經過伍仙橋（又稱「斗令橋」），再步行至白銀鄉村，再直行就會到達「離島自然歷史徑（梅窩段）」，路程約 1.7 公里，步速約多少？

步行至銀礦瀑布公園步速
= 1.7 ÷ (22 / 60)
= 4.6 公里每小時

　　從中環前往銀礦灣瀑布公園最快只需 35+22=57 分鐘，不足一小時就可以呼吸到瀑布所帶來的新鮮空氣。為大家的身體健康着想，就多到郊外地區親親大自然吧！

4.2

銀礦洞中的 神秘 STEM

提起梅窩，很自然令人想起面積廣闊、水清沙幼的銀礦灣海灘，以前稱為「梅窩海灘」，現稱為「銀礦灣」。每逢週末及假日，都會吸引不少遊人前來享受大自然海浴，以及欣賞附近的田園山景風光。

　　但是為何梅窩海灘會叫做「銀礦灣」呢？難道這兒真的有銀出產？原來「銀礦灣」海灘附近山上真的有個「銀礦洞」，洞內藏有鉛礦，而且大部分鉛礦的礦石中都含有少量白銀，因此這內灣位置就取名為「銀礦灣」。

　　銀礦洞是本港僅存的人工開鑿礦洞，至今已停運超過一百年。銀礦洞原有四個洞口，現僅存主洞及下洞，其餘兩個洞口早已被山泥堵塞。2004 年為確保遊人的安全，銀礦洞全面關閉。

　　在封閉的洞口上，發現寫着「銀礦灣上銀礦洞，金銀長埋地下中，洞內有寶看玲瓏。」的字句，據說是由梅窩窩田村居民代表鄧家洪村長所寫。

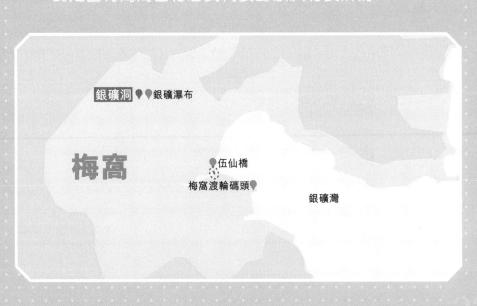

銀礦洞早在清朝時期的同治元年（1862年）已經被發掘和進行開採，初時只是小規模的開挖。銀礦洞是一個鉛礦，大部分鉛礦的礦石會含有少量的銀，由於銀在當時期能夠當作貨幣使用，因此吸引不少人前來梅窩鉛礦採銀。

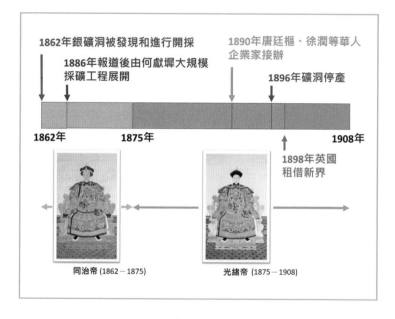

1862年銀礦洞被發現和進行開採

1886年報道後由何獻墀大規模採礦工程展開

1890年唐廷樞、徐潤等華人企業家接辦

1896年礦洞停產

1862年　　　1875年　　　　　　　　　　1908年

1898年英國租借新界

同治帝 (1862－1875)　　　光緒帝 (1875－1908)

銀礦石

1886 年，銀礦洞展開大規模採礦工程，開採工程使用了炸藥，並有大量工人在礦洞內挖掘，採礦工作由香港華人企業家何獻墀的天華礦業公司負責，至 1890 年為唐廷樞、徐潤等華人企業家接辦。

　　當時，在梅窩一帶已經利用「一條龍」方式，進行採礦及煉銀的運作，把礦石即時處理 —— 所開採到的礦石會透過索道及吊籃運送到設於銀礦灣沙灘沿岸的一間大型煉銀廠。煉銀廠設有多座由英國入口的自動化碎石機、跳汰機及不同種類的煉爐，每日能處理多達 40 噸礦石。初期生產的礦石每公噸只含有約 4 公斤的銀；後期由於銀礦的質素欠佳，礦石含銀量過低，加上經營不善及資金不足等問題，礦洞於 1896 年停產，只留下洞穴遺址予遊人參觀。

銀礦洞的自然科學

◢ 大自然中的銀元素

銀，又稱白銀，是化學元素的一種，銀的化學符號是 Ag，原子序數為 47。銀是柔軟且帶有白色光澤的過渡金屬，在所有金屬中，擁有最高的導電率、導熱率和反射率。

銀在自然界中以高純度的元素形式存在，就是自然銀。有時銀亦會在礦石中存在，例如輝銀礦和角銀礦。大部分銀是在進行精煉銅、金、鉛或鋅而衍生出來的副產品。由古代至今，銀一直被視為貴金屬。

銀在人類文化的活動中有相當悠久的歷史，除了貨幣和飾物，銀還會用於太陽能電池、水過濾、餐具和器具、電氣接觸和導體、專用鏡子、窗戶塗料和催化學反應等。銀化合物及銀離子更可用作消毒和殺滅微生物，甚至應用在醫療產品及儀器中。

附有銀離子消毒殺菌功能的洗衣機

⚡ 大自然中的鉛元素

　　鉛亦是化學元素的一種，鉛的化學符號是 Pb，原子序數為 82。鉛屬於重金屬，亦是柔軟、可鍛鑄和熔點較低的金屬。鉛是很容易從含鉛的礦石中提取出來，而方鉛礦是鉛的主要礦石，這種礦石通常也帶有銀的元素。

　　早在古代人們就利用鉛合金來鑄造印刷機的活字，因此鉛在印刷術的發展中發揮了重要的作用。鉛曾經被廣泛地用於建築、管路系統、鉛酸蓄電池、銲料、易熔合金、含鉛油漆、含鉛汽油和輻射屏蔽等。梅窩銀礦洞實為方鉛礦礦脈而非白銀礦脈，方鉛礦也含銀質，但經多年開探，銀產量漸減，終造成虧蝕而停產。

方鉛礦 (鉛) Galena
化學成分：PbS

方鉛礦

鉻鉛礦 (鉻) Crocoite
化學成分：PbCrO₄

鉻鉛礦

鉛具有毒性

鉛具有毒性，會影響健康。人體很容易吸收鉛鹽，會在軟組織和骨骼中積累，成為神經毒素，損害神經系統並干擾生物酶的功能，導致神經系統疾病。

鉛還會對人體幾乎所有器官和系統造成影響，會嚴重損害腦和腎。攝入的鉛大多會吸收到血流中，假如空氣中鉛的濃度達到 100mg/m3 就會立即危及生命或健康。

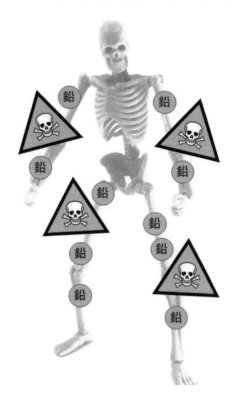

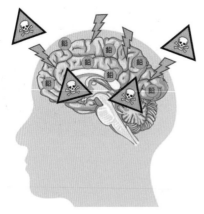

鉛中毒的症狀包括腎病變、腹部疝痛和手指、手腕或腳踝變弱。鉛還會使中老年人的血壓小幅升高，並可能導致貧血。鉛會影響兒童的腦部發展，大腦皮質會被干擾突觸、神經遞質和離子通道的管理。鉛亦會令人造成高血壓和使女生青春期延遲。

⚟ 銀礦洞內的氡氣

　　氡是化學元素一種，氡的化學符號是 Rn，原子序數為 86。氡氣是一種無色、無味、無嗅的放射性氣體，主要由泥土、岩石或牆壁中的天然放射性物質「鈾-238」在衰變過程中產生的，並會散發至大氣，走進室內。

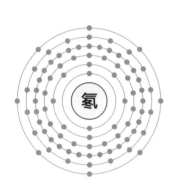
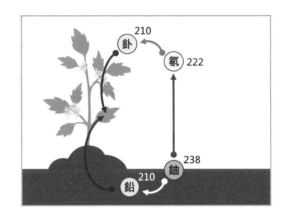

　　氡氣在衰變過程中會釋放出放射性微粒，如果人體吸入氡氣，放射性微粒會積聚肺部，並會在體內繼續釋放輻射，影響肺部；吸入過量氡氣會增加患肺癌的風險。

　　氡氣源自大自然，一般在空氣中的氡氣含量

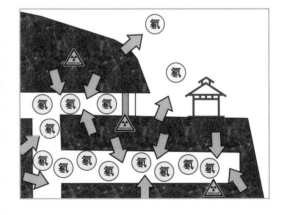

不高，較少影響健康。但是在密封的室內環境，氡氣濃度會較高，土壤及岩石會釋出氡氣，經由地面上的裂縫或結合處擴散。在銀礦洞內主要是花崗石及其他岩石，礦洞內壁及四周會產生氡氣，從洞壁及地面不斷擴散至整個礦洞內。由於礦洞內

空氣並不流通，引致洞內空氣中的氡氣濃度不斷提升，如在礦洞內長時間逗留，就有機會透過懸浮粒子進入呼吸道，讓氡氣在肺部積聚，損害呼吸道令正常細胞轉化為癌細胞，增加患肺癌風險。

為避免吸入過量氡氣危害健康，不宜長時間逗留在礦洞內。

▨ 礦洞內的回音

大家有沒有發現在行人隧道說話時會出現回音呢？其實在礦洞裏也會出現類似情況。聲音是由振動所產生的聲波，能夠通過氣體、固體或液體等介質傳播到人或動物的聽覺器官，從而被感知，是一種波動現象。

當在礦洞說話時，聲波令空氣產生振動，附近的空氣粒子亦會因此而振動並傳播至礦洞的內壁，礦洞內壁都把振動中的空氣粒子反射至礦洞內壁的其他位置，從而令聲音來回傳遞。

當聲音相隔 0.1 秒傳來時，人的耳朵就能感覺出來，所以從礦洞不同方向的內壁傳回來的聲音聽起來就好像回音。有部分反射的聲音在礦洞內不斷振動傳送，有機會產生共鳴效應，令振幅增加，讓回音的效果更明顯。

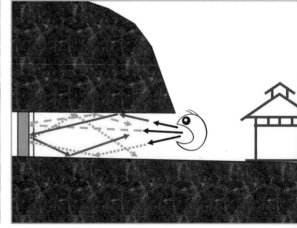

梅窩牛牛

　　不論是在來往銀礦洞的路上或是在銀礦灣，都會發現不少牛隻，牠們有時走到沙灘上休息，有時走到草堆中吃草，有時則走到街道上閒遊。梅窩牛牛有兩種，牠們分別是黃牛和水牛，為甚麼梅窩牛牛會到處走？

　　那是因為以往梅窩居民以務農為主，農民利用黃牛來協助翻泥耕種，每戶都飼養數頭牛隻，梅窩除了耕種用的黃牛，還有由農場飼養的水牛。由於水牛氣力大，工作量會比黃牛多。

　　但隨着農業息微，加上新一代年青人喜歡到市區工作，稻田荒廢下，牛隻因此被人遺棄，到處流連成為「流浪牛」。

　　牛的糞便不但沒有臭味，而且是很好的肥料，也是天然殺菌劑，能夠平衡生態環境。牛的糞便對貧瘠土地可有滋養作用，能預防土質繼續惡化；還能夠轉廢為材，當牛糞乾硬後就能製作成蚊香、花肥等實用產品。

銀礦洞的科技

蝙蝠的超聲波系統

銀礦洞洞頂有蝙蝠棲息，為受保護動物；銀礦洞下洞內約有逾千隻蝙蝠，總共有九個品種，其中四種為不常見品種。蝙蝠是世界上唯一能夠飛行的哺乳類動物，蝙蝠的翅膀構造獨特，牠的翅膀很像改造過的人類手掌，變長的手指由一層有彈性的翼膜連接起來，展開手指時便能像拍動翅膀般飛行。這種有彈性的翅膀裏滿佈血管、神經和肌腱，由特殊的肌肉支撐，讓蝙蝠成為效能好又靈活的飛行者。

蝙蝠是夜行性動物，白天大多會用後肢倒掛在樹上或洞穴石壁上睡覺，晚間才較活躍，四處覓食。蝙蝠不靠視覺作主要感官，而是利用回聲定位進行導航，讓牠們能夠在黑暗中尋找食物。

回聲定位就是藉着聆聽高頻聲音在碰到物體時反彈的回聲，以感知周遭環境。蝙蝠可以從這些反彈的回聲中計算出蚊子等物體的距離、大小和形狀。這種天然的聲納非常精巧，有些蝙蝠甚至能偵測到細小至只有人類頭髮一半粗細的物體。

蝙蝠擁有這套獨特的「超聲波系統」，以超聲波傳遞信息，及利用聲音接收信息。蝙蝠擁有屬於牠們自己獨有的超聲波波頻，不會與其他動物互相影響。

人類所應用的超聲波系統，就是採用蝙蝠的超聲波發送及接收信息的原理，計算出與障礙物之間的距離。超聲波系統會應用於輪船和飛機等運輸設置上，還會應用於醫學上。

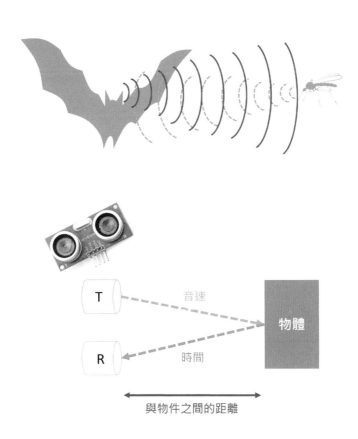

T

音速

物體

R

時間

與物件之間的距離

銀礦洞的工程

採礦煉銀工程

百多年前的煉銀廠曾設有自動化碎石機、跳汰機及不同種類的煉爐來煉銀，不同的機器各具功能，現逐一簡介。不同型號的**碎石機**，其工作原理都不同，常見的是以震盪、錘頭衝擊或擠壓等方式，把大型礦石打成碎石，以增加碎石的表面面積。

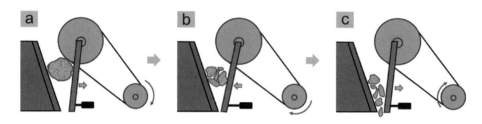

跳汰機把礦石物料送到篩板上，利用垂直升降的變速介質流中，按密度差異進行分選，跳汰時所使用的介質可以是水，也可以是空氣。物料在粒度和形狀上各有差異，密度不同的顆粒發生相對轉移，重礦物進入下層，輕礦物轉入上層，分別排出後即得「精礦」和「尾礦」。

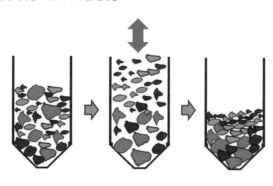

往時的煉銀爐，其運作是將鉛和銀完全互溶的；鉛的熔點是 327.5℃，而銀的熔點是 961.8℃，即鉛的熔點較低。當把含有鉛和銀的精礦放入煉銀爐後，在高溫燃燒下鉛因熔點較低，在爐中吹入空氣就會先氧化，這樣就很容易把銀從精礦中分離出來。

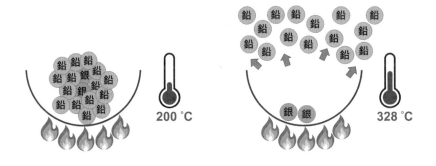

銀礦洞的結構

銀礦洞已封閉多年，自從第二次世界大戰後，礦洞的圖則及歷史資料早已散失，只知銀礦洞原有四個洞口，現在僅存主洞及下洞，其餘兩個洞口早已被山泥堵塞。

主洞有一條通道，近 100 米長，再進去會看見分支通道，但由於年代久遠，內裏有石頭掉落，因而封閉。下洞高度約 5 米，闊度約 4 米，較為寬敞，內有一條水深近 2 米，長約 40 米，由廢棄礦道積水所形成的四通八達的水道。

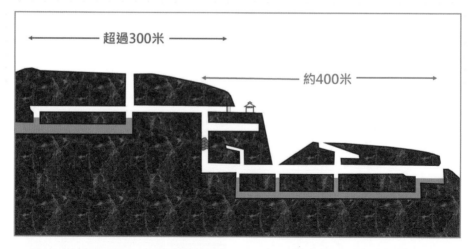

銀礦洞的洞頂呈拱形，拱形洞頂有助加強礦洞的承受力，能夠支撐礦洞的內部結構，把礦洞上方的受力分散至礦洞兩側的石壁上，預防礦洞倒塌。

洞內石壁上有痕跡，似以鐵器鑿成。由痕跡推斷，該洞應由人工開鑿而成的。

土木工程拓展署在銀礦洞口進行優化工程，加建避雨亭及增設訪客展示牌等，以便遊人參觀。

銀礦洞的數學

　　銀礦洞初期每日處理 40 噸礦石，卻只能生產 4 公斤的銀。問每日銀的生產量佔每日所處理的礦石百分比？

　　1 公噸是 1,000 公斤，每日所處理的礦石有 40 噸，即是 40 × 1,000 = 40,000 公斤。

　　每日銀的生產量佔每日所處理的礦石百分比：

$$\frac{每日銀的生產量}{每日所處理的總礦石重量} \times 100\%$$

$$\frac{4}{40,000} \times 100\% = 0.01\%$$

　　每日銀的生產量佔每日所處理的礦石量的 0.01%，可知產量屬於相當之少。假如 1 公斤的銀價是 6,700 港元（以 2023 年 6 月 30 日計），4 公斤的銀值 4 × 6,700 = 26,800 港元，由於礦石中的含銀量甚低，有機會投資的支出遠遠超於生產所得價值。

4.3 從伍仙橋 探索橋之 STEM

梅窩在未填海之前分為南北兩岸，梅窩碼頭在梅窩的南岸，銀礦灣在梅窩的北岸，南北兩岸被一條銀河隔開，居民或旅客由梅窩碼頭步行到銀礦灣，必定要經過伍仙橋才能過河。為何梅窩居民會稱呼這道位於梅窩涌口街附近的行人橋為「伍仙橋」？

　　這道伍仙橋是怎樣由一條小小的木橋演變成活動橋，再轉變成為現在的石屎橋呢？這一切都要由伍仙橋的歷史開始說起。

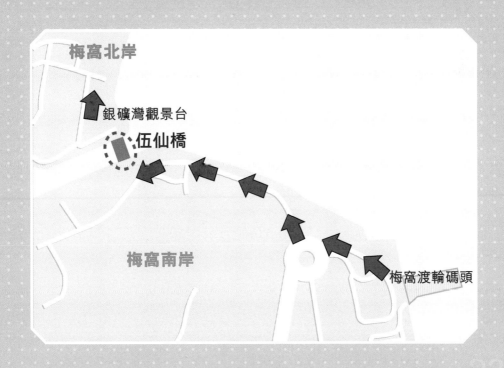

梅窩北岸

銀礦灣觀景台

伍仙橋

梅窩南岸

梅窩渡輪碼頭

伍仙橋探索橋的歷史

　　上世紀 30 至 40 年代初，梅窩南北兩岸有一河相隔，此河名叫「銀河」，又名「梅窩河」。梅窩村民聚居在銀河的下游位置，要由碼頭到市集就要過河。當時村民若要過河就只能撐艇，靠一條繩索把載人的小艇拉過河，但是每次過河需要付費 —— 港幣「伍仙」（俗稱「斗令」，十仙為一毫子），因此村民稱之為「伍仙」橋。所以「伍仙」之名，與神仙是沒有任何關係的。

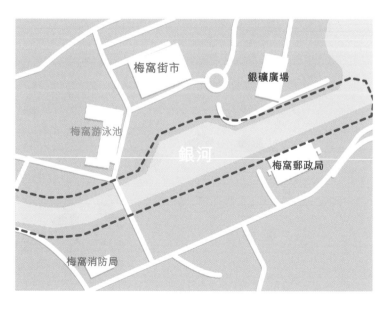

拉繩讓木筏讓人前進
有如當年村民過河的情況

　　可以想像到，這樣的過河方式一旦遇上大風時，就會較為
危險，以致往來變得不方便。戰後時期，曾氏家族的三利號公
司建造了伍仙木橋。伍仙木橋所採用的材料很簡單，只利用木
樁和木板搭建而成。由於在潮漲的時候有漁船需要進出銀河，
所以伍仙木橋的橋板是可以收起的。其建造方法是南北兩岸先
有固定的木橋台，中間約 15 呎（約 4.5 米）的距離就是用活動
式又長又窄的木板作為行人橋板。在漁船出入時會把活動木板
收起，沒有漁船就把活動木板放下供村民過橋。

　　此木橋是由三利號公司建造及專利營運，村民每次過橋仍
要繳付伍仙作為過橋費用。

到 50 年代，梅窩人口急增，狹窄的伍仙橋已經未能滿足村民需要，遂在 1955 年聘請了「阮興」木店搭建新橋。同樣是用木建造，而中間的活動木板就加入了拉繩設計，來控制活動木板的拉起及放下。至 60 年代中期，木橋被颱風摧毀，災後木橋須要重建，木橋墩改用三合土，以加強橋墩的鞏固度。

　　直至 70 年代，隨着居住梅窩的人越來越多，加上假日入梅窩的旅客增加，伍仙橋已經不能應付日常所需，香港政府遂出資重新興建伍仙橋，並採用鋼筋加混凝土築橋，以及改用電動方式控制橋的開合，同時政府更取消了伍仙的收費。

伍仙橋舊貌（攝於麥生記冰室）

從伍仙橋探索橋的科學

橋的力學

　　橋樑是一種複雜的受力結構，當中包含了不少力學原理，現以最簡單的承受力來分析橋的結構。橋樑的承受力，除了看建造材料的強度，還有橋所使用的幾何形狀，我們可以利用紙張當作橋面來分析幾何對承受力的影響。

1 利用紙盒當成橋台，把紙張摺成 W 形，並把 W 形紙張放在紙盒橋台上構成紙橋。

在 W 形紙張上面擺放物件，物件的重量會均勻地分佈在皺褶中，而不會集中在紙張的中央，增加了紙張的承受力。

2 利用紙盒當成橋台，把紙張放在紙盒橋台上構成紙橋，另在紙橋下方加入拱形的紙，形成拱橋。拱形承載重量時，能把壓力向下和向外傳遞給相鄰的橋台，拱形各部分相互擠壓，結合得更加緊密。拱形受壓會產生一個向外推的力，抵住這個力，拱就能承載很大的重量。

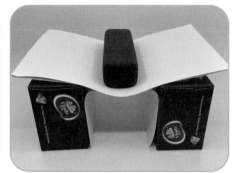

3 利用圓柱形紙筒作為橋墩，把紙張放在紙筒橋墩上構成橋面。紙橋面與下方紙筒橋墩是垂直角度的。當承載物件時，重量全都落在紙筒橋墩的接觸面上，而且紙橋面各處所受到的力均勻分布在紙筒橋墩上，令橋面的承受力大大提高。

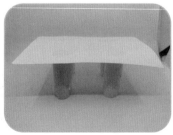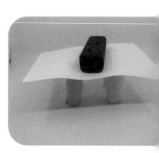

⧅ 伍仙橋古今的力學

50 年代到 60 年代的伍仙橋，橋面木板的重量承受力會傳至橋面下方插在銀河上的木樁，承受力亦同時傳到兩岸的木製橋台，但由於是由簡單的木材作橋面，承受力有限，不能同時讓多人使用木橋過河。

50-60 年代伍仙橋

到 70 年代，伍仙橋已改用混凝土作橋墩，由於混凝土橋墩比木橋墩更堅固，承受力也大大增強，同時有助提升對抗颱風的吹襲。

70 年代伍仙橋

現在的伍仙橋已是採用鋼筋加混凝土建成的「斜腿剛構橋」，橋面也是用混凝土，比以往的木橋面更加鞏固，承受力也大大增加。橋底位置亦加入了由鋼筋加混凝土建成的斜桿接駁橋台，橋面、斜桿及橋台形成了三角幾何的力學原理，橋面上的總重量就會由橋面和斜桿一齊支撐，有助加強混凝土橋可承受的重量。

現時的伍仙橋

∅ 橋樑 DIY

　　了解過橋的力學原理可以動手做一做，運用簡單的材料也能自製一座穩固的橋樑！

竹筷橋

　　只要三根竹筷互相上下搭接，就能夠撐起一罐汽水，那是因為互相搭接的竹筷能夠分散受力，加上竹筷之間所產生的摩擦力讓彼此固定，於是能撐起一罐汽水的重量。

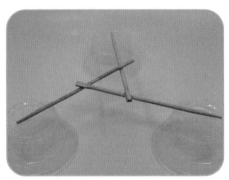

達文西重力橋

達文西重力橋，又名「達文西橋」。達文西橋的特點是不用任何釘子、繩索或是黏合劑，就能把多根木棒以交叉方式搭成拱橋。

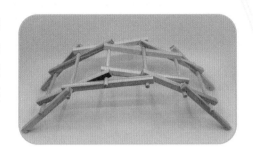

拱橋是由多支木棒交叉搭接，關鍵在於木棒中間交接位置有一條橫向木桿當成支點，讓木棒們可以互相卡榫，交接在一起，並形成弧形的拱橋。

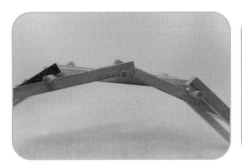

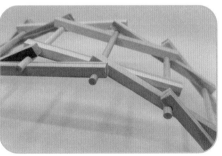

當在拱橋橋面施加壓力後，拱橋的結構就能夠把力量分散至兩側，然後傳至拱橋兩則的接地位置，而達到　個支撐的作用。

留意只要移走達文西橋當中其中一條木棒，達文西橋就會快速被拆毀。

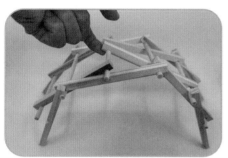

但當達文西橋正在受力時，達文西橋中的木棒與木棒之間產生的摩擦力大大增加，這時就較難移走拱橋上的任何一條木棒。

伍仙橋探索橋的工程

橋台和橋墩

橋台和橋墩是構成橋樑的重要部分。橋台是位於橋樑的兩端，用於支撐橋樑上部結構，並和路堤相銜接；橋台具有穩定橋頭路基，以及令橋面路段平穩連接的作用。

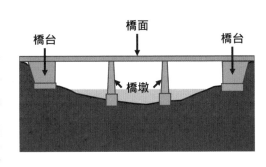

橋墩是一個建築學概念，指支撐橋樑的柱狀結構；橋墩和橋基並為支撐橋樑的兩大結構。一般橋墩多是正方形，也有其他矩形。橋墩發揮支撐橋樑的作用之餘，也不能阻擋水的流動，所以每個橋墩與橋墩之間必須有一定的間距。

橋面

橋面直接承受使用者的重量，包括人群或車輛，並把所負荷的重量傳遞至主要承重構件的橋面構造系統，包括橋面鋪裝、橋面板、縱樑、橫樑、遮板、人行道等。而早期的伍仙橋橋面就只有橋面板、縱梁、橫樑。

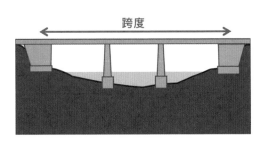

跨度，也稱「跨距」，跨度橋樑是結構中兩個相鄰支撐點之間的距離，可簡單看成是兩個橋台之間的橋面距離。

⚟ 斜腿剛構橋

斜腿剛構橋是指橋墩為斜向支撐的，腿和樑所受的彎矩比較小，而軸向壓力有所增加，似構造簡化的拱橋。橋型美觀、宏偉，跨越能力較大，適用於跨河橋，多採用鋼和混凝土建造。

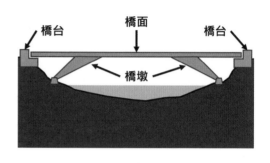

⚟ 開合橋

開合橋，又稱活動橋，是為了讓船在橋下航行通過的需要，橋身能夠以立轉、平轉、直升等方式來開合橋樑，適用於交通不很頻繁而須航行較高大船隻的河道或港口，優點是橋台可以避免額外升高，能夠減少兩岸引橋和路堤的工程量。

伍仙橋探索橋的數學

「斗令」是多少元？

　　「斗令」即是「伍仙」，曾經是香港流通硬幣。流通了 123 年之後，於 1989 年 1 月 1 日起正式停止作為流通貨幣。

　　伍仙的價值是多少呢？伍仙就是一毫的一半，也可以稱為「半毫」。在 60 年代，五仙可以買到一根油條或者一碗白粥，而當時的毫半（即是 1.5 毫或 1.5 角，又稱為 1 角 5 仙），就可以買到兩個麵包或一支汽水。

為何伍仙會被稱為「斗令」呢？

　　自明代起，中國與外國進行的貿易多以白銀進行，由外國進口中國之白銀主要為西班牙銀圓；西班牙銀圓標準重量為 27.4 克。

龍洋輔幣

　　至清末光緒年間張之洞任兩廣總督時，開始在廣州仿照西班牙銀圓之大小重量鑄造銀幣，因上有蟠龍像，習慣上稱之為「龍洋」。

在龍洋的輔幣中，有五分幣值，即一元的百分之五，即等於一個西班牙銀圓的百分之五，即白銀 1.37 克，換成中國當時的重量單位就是「三分六釐」（即 0.036 兩）。廣州舊時的商業用語是使用「之辰代碼」，三叫「斗」，六叫「令」。

中國數字與之辰代碼對照

數字	之辰代碼
一	之
二	辰
三	斗
四	馬
五	蘇
六	令
七	候
八	莊
九	彎
十	享

在香港，當時的港元亦跟西班牙銀圓一樣，為銀本位貨幣，港幣一圓之重量亦與西班牙銀圓及中國的龍洋相同。

在 1866 年至 1933 年期間鑄造的伍仙硬幣都是用白銀，重量同是 1.37 克，即三分六釐（0.036 兩），因而被稱作「三六」。當時在香港市場的標碼也是「之辰代碼」，故此港幣「伍仙」就被人叫作「斗令」了。

著者
鄧文瀚（STEM Sir）

責任編輯
梁卓倫、李欣敏

裝幀設計
鍾啟善

排版
辛紅梅

出版者
萬里機構出版有限公司
香港北角英皇道 499 號北角工業大廈 20 樓
電話：2564 7511　　傳真：2565 5539
電郵：info@wanlibk.com
網址：http://www.wanlibk.com
　　　http://www.facebook.com/wanlibk

發行者
香港聯合書刊物流有限公司
香港荃灣德士古道 220-248 號荃灣工業中心 16 樓
電話：2150 2100　　傳真：2407 3062
電郵：info@suplogistics.com.hk
網址：http://www.suplogistics.com.hk

承印者
美雅印刷製本有限公司
香港觀塘榮業街 6 號海濱工業大廈 4 樓 A 室

出版日期
二〇二三年七月第一次印刷

規格
小 16 開（220 mm × 160 mm）